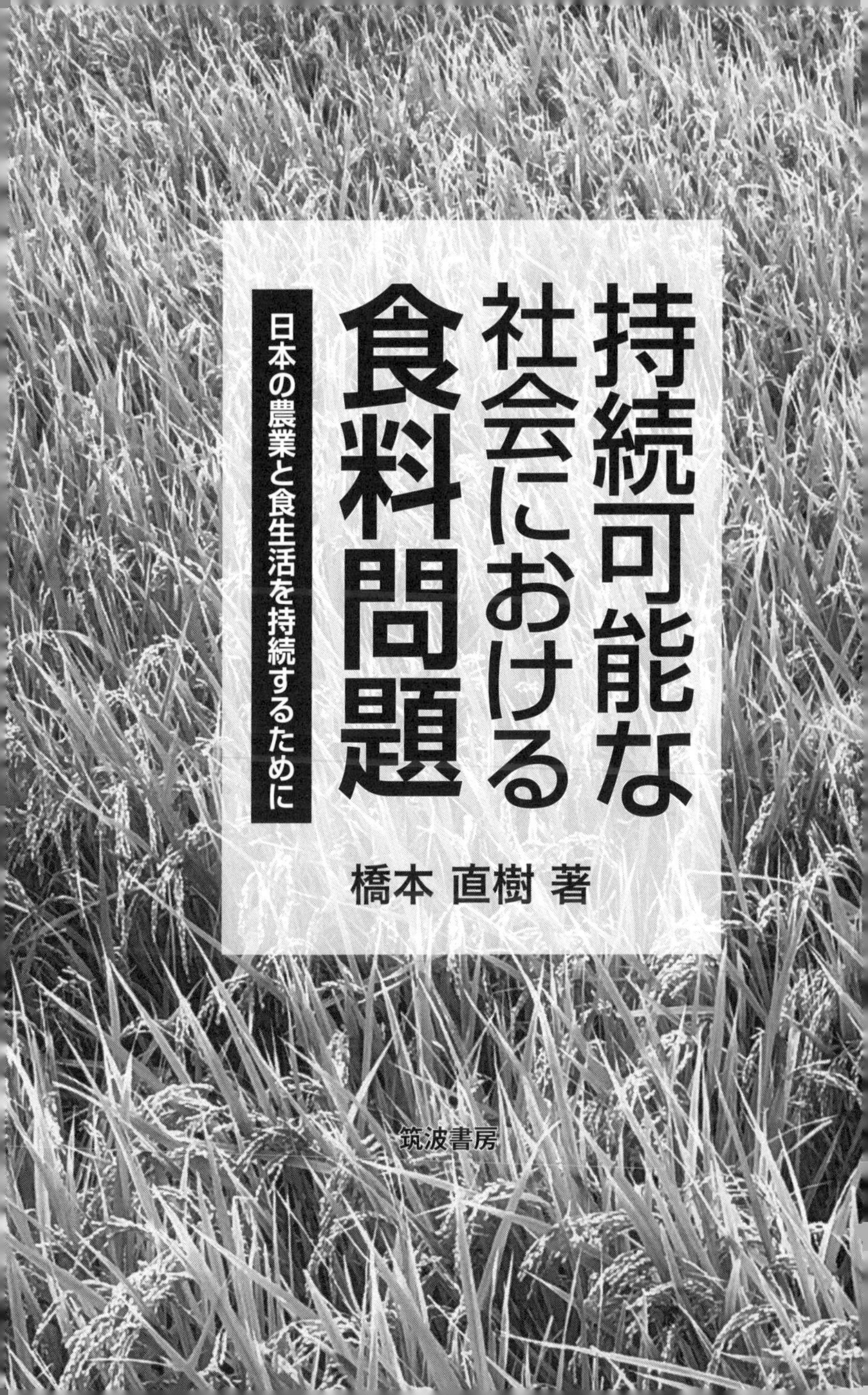

持続可能な社会における食料問題

日本の農業と食生活を持続するために

橋本 直樹 著

筑波書房

始めに　日本の農業と食生活を持続するために

２０２０年1月より始まった新型コロナウイルス感染症の世界的流行《パンデミック》により、世界中の人々の生活行動が制限され、今まで通りの生活を続けることができなくなった。これを転機として、社会全体として持続可能《サスティナブル》な社会への移行を急がなくてはならなくなったのである。なぜならば、自然の資源を浪費し、使い捨てて、生産量と生産効率の最大化を求めて地球規模に拡大し、繁栄してきた20世紀の産業社会が、今や地球環境の悪化と資源の枯渇、経済格差の拡大に直面して停滞し始めたからである。

私たちはこれまで世界中から食料を集めて、豊かで便利な食生活を享受してきたが、このような豊かな食生活はいつまでも続けることができなくなってきた。近い将来、世界規模の食料不足が再び起きることが避けられそうにないのである。20世紀の後半、先進国に空前の食の繁栄をもたらした世界の農業が、気候温暖化、環境汚染、農耕地の不足、農業用水の枯渇など農業環境の悪化により、これまで以上の食料を増産することができなくなってきたからである。今のままでは今世紀半ばに１００億人に達する世界人口を養うことができない。

そこで、来るべき持続可能な社会において、私たちの一人ひとりが生きていくために欠かすことができない「食」とそれを支える「農」を安定して持続するために必要な課題を考えてみた。原始の時代、食べ物を作る人（農）とそれを食べる人（食）は同じであった。しかし、現代社会では食料の生産者と消費者は遠く離れて暮らし、お互いの交流がなくなり、そのことが数多くの食と農に関するトラブルを引き起こしてきた。今後の食と農に関する最も重要な課題は、両者の関係を繋ぎ直し、再編成することにある。

そもそも、「食」とそれを支える「農」の在り方は人類の歴史を動かしてきた根源的な営為である。未来を予測し、未来社会に働きかけるには、未来における食と農の在り方を論議することが欠かせない。

目次

持続可能な社会における食料問題

日本の農業と食生活を持続するために

1

第1章　持続可能な社会への転換を迫られている

２０２０年1月から始まった新型コロナウイルス感染症の世界的流行《パンデミック》により、世界中の人々の生活行動が制限されて今まで通りの暮らしを続けることが難しくなった。20世紀の人類社会に空前の繁栄をもたらした世界規模の新自由主義経済は、すでに今世紀の初頭より地球温暖化、自然環境の破壊、エネルギー資源の枯渇、南北間の経済格差の拡大などの限界問題に直面して停滞し始めていた。それで、新型コロナウイルス感染症の世界的流行《パンデミック》を転機として、これまでの生活態度や経済活動を早急に改め、持続可能《サスティナブル》な社会への移行を急がねばならなくなったのである。

自然資源を浪費し、使い捨て、生産量と生産性の最大化を求めて地球規模に拡大した現代の産業社会は、今や資源の枯渇と地球環境の悪化に直面して停滞し始めている。実態経済を離れて利益を追求し続ける世界の金融経済は極端な富の偏在による社会格差の拡大をもたらした。先進国社会は物質的には豊かになったが、人々の心の満足はそれほどに充足しなかったのである。特に、冷戦終結以降の１９９０年代には新自由主義経済が世界規模で展開され、「市場」と「経済」が社会全般を律するようになり、環境保全や社会福祉への配慮よりも経済合理性・効率性が優先する経済最優先の社会になっている。もちろん、豊かな社会を継続・維持するためには一定の経済成長、それも一人当たりの経済成長が必要である。経済成長がなければ新技術に投資する原資も生み出せず、経済が停滞した社会では格差も固定化される。あくまでも経済成長を維持しながら、その構造を改変する必要があるのである。つまり、量的成長が自己目的化した経済成長ではなく、国民一人一人の生活の豊かさや質の向上を伴う経済発展でなければならない。

しかし、近年の経済活動は、外には気候変動や生物多様性の喪失、資源の枯渇など深刻な地球環境問題を引き起こし、内には国際的、国内的にも経済格差や人間疎外など社会的軋轢を生みだした。偏在化する富と肥大化した物的消費による拡大・膨張型の経済は適正規模を逸脱してしまい、もはや個別の対症療法的対策では是正できず、根本的な社会構造の変革を必要とするようになっている。つまり、GDP（国内総生産）の成長を指標とする拡大・膨張と利益の最大化を目的とするこれまでの資本主義経済システムでは、社会的公平と環境的適正を達成することは困難であるとの認識が深まりつつある。

かつては自然資源の循環の中で持続型社会が存続していたが、今は自然環境の破壊を加速する一方通行、拡大成長型の産業社会となり、それが地球の環境容量の範囲を逸脱して持続可能性を失い、新たな循環再生型の持続可能にして、成熟した産業社会への移行を迫られているのである。そして、利己的な自己実現の社会から利他的価値や社会的公正を重視し、多様性の共存・共栄を認める社会を形成することが新たな目標となりつつある。

そもそも、持続可能な社会への転換が国際的に議論される発端になったのは、1972年に国際的なシンクタンク、ローマ・クラブが提出した報告書「成長の限界」である。人類の社会活動は20世紀の100年間に急速に拡大して、世界人口は16億人から60億人へ約4倍になり、世界のGDP総額は2兆ドルから38兆ドルまで約19倍に増加した。しかし、将来もこのような人口の爆発的増加と経済成長が続いた場合には、食料不足、資源枯渇、環境汚染などの制約が大きくなり、今後100年以内に人類社会の成長は限界に達する。だから、これまでの成長速度を変更して将来長期にわたって持続可能な生態学的ならびに経済的な安定性を確保しなければならないと警告したのである。それにも拘らず、その後の半世紀で、人間一人当たりのエネルギー消費量は約2・6倍に増加し、鉱物、鉱石、化石燃料、バイオマスを含めた資源の総消費量は1970年には267億トンであったが、2017年には1000億トンを超えたのである。

かくして、さまざまな国際的議論を経て1992年の地球サミットにおいて、市場経済を踏まえつつも環境保全と生活の質の向上を確保できる社会の実現を目標とする「持続可能な発展」の重要性が共通認識されたのである。そして、2015年の国連総会において、「現在の世代の欲求を満たしつつ、将来の世代の欲求を満たすことのできる持続可能な社会」の実現のために、「社会」「経済」「環境」の3分野において2030年までに達成するべき17の目標と169のターゲットを提示したSDGs（Sustainable Development Goals、持続可能な開発目標）が、加盟193ヶ国の全会一致で合意、採択された。（SDGsは「持続可能な開発目標」と訳すのが一般的であるが、「維持可能な発展目標」と訳すのがよりぴったりするケースもある）これまでのように経済成長を採るか、環境保全を採るかという二元論で論議するのでなく、世代間の公平という立場から経済発展と環境保全が両立する開発と発展を考えることになったのである。

SDGsは2030年までの比較的短期間に、これまで国際社会が追及してきた諸課題を集約、総合して解決、達成するところに意義があり、2030年に向けての達成度を各国が毎年報告し合うことになっている。我が国でも2016年に「持続可能な開発目標（SDGs）推進本部」を設置し、天然資源の消費を抑制し、環境への負荷を低減する社会の実現を目指すことになった。2022年の「持続可能な開発報告」によると、SDGs達成度のトップ3はフィンランド、デンマーク、スウェーデンの北欧3ヶ国が占め、日本は19位、アメリは41位、中国は58位と低い。達成度の高い国は多くの経済力や資源を持っている国々ではなく、「今すぐにやろう」という強い国家意思を有する国々なのである。

しかし、SDGsはあくまでも、2030年までの比較的短期間に達成するべき行動目標であり、21世紀における人類の活動を方向付けるものではあるが、その最終目標そのものは明示されずに残されている。ＳＤＧｓは持続可能な社会形成への通過点であり、そのすべてを達成しても今日の新自由主義の資本主義経済が形成した競争・成長型社会を永続的に維持することは難しいと考えねばならない。近年の世界経済の不安定化とバブル経済の発生は、金融資本主義が膨張して、生活に密接した実態経済と金融市場で富の拡大を目指すマネー経済との乖離が生じていることに起因する。より多くの利益を生み出すために市場規模を拡大し続けなければならない資本主義経済活動が、外には環境、資源の限界に直面し、内には社会格差と不平等の拡大、人間疎外などを生じているのである。

さらに、近年急拡大した経済活動を支えてきた化石燃料の大量消費によって発生する二酸化炭素が地球温暖化を加速化して、人類が地球上で持続・安定的に活動できる自然回復力の限界（プラネタリー・バウンダリー）を超えようとしている。一度限界点を超えれば、不可逆的な破滅現象が起きる可能性がある。この気候変動リスクに対する対応は21世紀の人類に突き付けられた最大の課題である。二酸化炭素の排出抑制対策が遅れると、主要20ヶ国全体で国内総生産（ＧＤＰ）の４％を失うと試算されている。２０１５年のパリ協定で合意された温室効果ガスの削減目標は「21世紀末までに世界の平均気温の上昇を産業革命以前と比較して2℃未満、できれば1・5℃に抑えること」であるが、技術開発だけでは脱炭素は実現できず、新自由主義経済システムの構造改革を抜きにしては達成できないと考えられている。

この破滅的局面を打開して、最終的に実現しようとする持続可能な社会がどのようなものであるべ

12	持続可能な消費生産形態を確保する。	2030 年までに小売・消費レベルにおける世界全体の 1 人当たりの食料の廃棄を半減させ、収穫後損失などの生産・サプライチェーンにおける食料の損失を減少させる。
		2020 年までに、合意された国際的な枠組みに従い、製品ライフサイクルを通じ、環境上適正な化学物資やすべての廃棄物の管理を実現し、人の健康や環境への悪影響を最小化するため、化学物質や廃棄物の大気、水、土壌への放出を大幅に削減する。
13	気候変動及びその影響を軽減するための緊急対策を講じる。	気候変動の緩和、適応、影響軽減及び早期警戒に関する教育、啓発、人的能力及び制度機能を改善する。
14	持続可能な開発のために、海洋・海洋資源を保全し、持続可能な形で利用する。	水産資源を、実現可能な最短期間で少なくとも各資源の生物学的特性によって定められる最大持続生産量のレベルまで回復させるため、2020 年までに、漁獲を効果的に規制し、過剰漁業や違法・無報告・無規制（IUU）漁業及び破壊的な漁業慣行を終了し、科学的な管理計画を実施する。
		2020 年までに、国内法及び国際法に則り、最大限入手可能な科学情報に基づいて、少なくとも沿岸域及び海域の 10 パーセントを保全する。
		開発途上国及び後発開発途上国に対する適切かつ効果的な、特別かつ異なる待遇が、世界貿易機関（WTO）漁業補助金交渉の不可分の要素であるべきことを認識した上で、2020 年までに、過剰漁獲能力や過剰漁獲につながる漁業補助金を禁止し、違法・無報告・無規制（IUU）漁業につながる補助金を撤廃し、同様の新たな補助金の導入を抑制する。
15	陸域生態系の保護、回復、持続可能な利用の推進、持続可能な森林の経営、砂漠化への対処ならびに土地の劣化の阻止・回復及び生物多様性の損失を阻止する。	2020 年までに、あらゆる種類の森林の持続可能な経営の実施を促進し、森林減少を阻止し、劣化した森林を回復し、世界全体で新規植林及び再植林を大幅に増加させる。
		2030 年までに、砂漠化に対処し、砂漠化、干ばつ及び洪水の影響を受けた土地などの劣化した土地と土壌を回復し、土地劣化に荷担しない世界の達成に尽力する。
16	持続可能な開発のための平和で包摂的な社会を促進し、すべての人々に司法へのアクセスを提供し、あらゆるレベルにおいて効果的で説明責任のある包摂的な制度を構築する。	2030 年までに、違法な資金及び武器の取引を大幅に減少させ、奪われた財産の回復及び返還を強化し、あらゆる形態の組織犯罪を根絶する。
17	持続可能な開発のための実施手段を強化し、グローバル・パートナーシップを活性化する。	先進国は、開発途上国に対する ODA を GNI 比 0.7%に、後発開発途上国に対する ODA を GNI 比 0.15～0.20%にするという目標を達成するとの多くの国によるコミットメントを含む ODA に係るコミットメントを完全に実施する。ODA 供与国が、少なくとも GNI 比 0.20%の ODA を後発開発途上国に供与するという目標の設定を検討することを奨励する。

出所：「持続可能な開発のための 2030 アジェンダ」（2015 年 9 月 25 日第 70 回国連総会採択）より。
吉積己貴、島田幸司、天野耕二、吉川直樹「SDGs 時代の食・環境問題入門」昭和堂 2021 年、p.9

表 1　持続可能な開発目標（SDGs）

目標	大目標	具体の目標（目標年次や定量目標のあるものを中心に抜粋）
1	あらゆる場所のあらゆる形態の貧困を終わらせる。	2030 年までに、現在 1 日 1.25 ドル未満で生活する人々（筆者注：2015 年は 12%）と定義されている極度の貧困をあらゆる場所で終わらせる。
2	飢餓を終わらせ、食料安全保障及び栄養の改善を実現し、持続可能な農業を促進する。	5 歳未満の子どもの発育阻害や消耗性疾患について国際的に合意されたターゲットを 2025 年までに達成するなど、2030 年までにあらゆる形態の栄養不良を解消し、若年女子、妊婦・授乳婦及び高齢者の栄養ニーズへの対処を行う。
3	あらゆる年齢のすべての人々の健康的な生活を確保し、福祉を促進する。	2030 年までに、世界の妊産婦の死亡率を出生 10 万人当たり 70 人未満（筆者注：2015 年は 210 人）に削減する。
		すべての国が新生児死亡率を少なくとも出生 1,000 件中 12 件以下まで減らし、5 歳以下死亡率を少なくとも出生 1,000 件中 25 件以下（筆者注：2015 年は 43 人）まで減らすことを目指し、2030 年までに、新生児及び 5 歳未満児の予防可能な死亡を根絶する。
4	すべての人に包摂的かつ公正な質の高い教育を確保し、生涯学習の機会を促進する。	2030 年までに、すべての子どもが男女の区別なく、適切かつ効果的な学習成果をもたらす、無償かつ公正で質の高い初等教育及び中等教育を修了できるようにする。
5	ジェンダー平等を達成し、すべての女性及び女児の能力強化を行う。	政治、経済、公共分野でのあらゆるレベルの意思決定において、完全かつ効果的な女性の参画及び平等なリーダーシップの機会を確保する。
6	すべての人々の水と衛生の利用可能性と持続可能な管理を確保する。	2030 年までに、すべての人々の、適切かつ平等な下水施設・衛生施設へのアクセス（筆者注：2015 年は 68%）を達成し、野外での排泄をなくす。女性及び女子、ならびに脆弱な立場にある人々のニーズに特に注意を向ける。
7	すべての人々の、安価かつ信頼できる持続可能な近代的なエネルギーへのアクセスを確保する。	2030 年までに、世界のエネルギーミックスにおける再生可能エネルギーの割合を大幅に拡大させる。
		2030 年までに、世界全体のエネルギー効率の改善率を倍増させる。
8	包摂的かつ持続可能な経済成長及びすべての人々の完全かつ生産的な雇用と働きがいのある人間らしい雇用（ディーセント・ワーク）を促進する。	各国の状況に応じて、一人当たり経済成長率を持続させる。特に後発開発途上国は少なくとも年率 7%の成長率を保つ。
		2030 年までに、若者や障害者を含むすべての男性及び女性の、完全かつ生産的な雇用及び働きがいのある人間らしい仕事、ならびに同一労働同一賃金を達成する。
9	強靭（レジリエント）なインフラ構築、包摂的かつ持続可能な産業化の促進及びイノベーションの推進を図る。	包摂的かつ持続可能な産業化を促進し、2030 年までに各国の状況に応じて雇用及び GDP に占める産業セクターの割合を大幅に増加させる。後発開発途上国については同割合を倍増させる。
10	各国内及び各国家間の不平等を是正する。	2030 年までに、各国の所得下位 40%の所得成長率について、国内平均を上回る数値を漸進的に達成し、持続させる。
11	包摂的で安全かつ強靭（レジリエント）で持続可能な都市及び人間居住を実現する。	2030 年までに、すべての人々の、適切、安全かつ安価な住宅及び基本的サービスへのアクセスを確保し、スラムを改善する。

きかについては、私たち人間の存在をどのように位置づけるかという哲学的な問題を含んでいるが故に、未だ十分な合意がなされているとは言えない。しかし、本題とする「農と食」の議論を進めるために、これまでの議論を纏めてみると：持続可能な発展とは、科学技術の進歩、技術革新を生かし、自然や環境が不可逆的な損失を蒙らない範囲において公正かつ適切な経済活動を行い、その活動の成果を社会的に適正に還元して南北間と世代間の社会的衡平と福祉・厚生の質の向上などを達成することである。簡単に言えば、将来の世代のための自然環境や資源を保全するとともに、現世代の生活の質をより良い状態に発展させることである。

かくして実現する持続可能な社会とは、無限成長・拡大型の社会ではなく、脱成長・安定型の社会であり、環境と生活の質、利他福利を重視する社会である。従来のように単純化した価値を認める競争社会ではなく、多様性のある価値の共存を認める共生・協働の社会でなければならない。

このような「持続可能《サスティナブル》な社会」とは空想の社会であってはならない。私たちが生活する現実の社会において実現されるべきものである。とすれば、今後考えるべきことは、この持続可能な社会の理念・構想を現実の社会において具体的にどのようにして実現するかである。持続可能な社会を実現させるためには、現実的で具体的な課題を明確にして、適切な行動・行為により、それらの課題を一つ一つ改善し解決・克服しなければならない。その最初の通過点がＳＤＧｓの達成なのである。

ＳＤＧｓに示された17分野の課題のなかで、農と食に関する課題は地球環境と人類社会が共存することを考えるのに最も適した根源的にして、かつ身近な対象である。現代の農と食をめぐる領域には、近代産業社会が抱える課題がきわめて鮮明に濃縮されているのである。現代社会が持続可能性を機軸にして再編成されようとする歴史的潮流のなかで、人類生存の根底を支える食と農の問題はどのように在るべきであろうか。それを考察するのが本著作のテーマである。

第2章　近い将来に世界規模の食料危機が襲来する

まず、持続可能な社会への移行を前にして緊急的に解決しなくてはならぬ最大の課題は、近い将来に生じるであろう世界規模の食料不足を回避することである。20世紀の半ばに欧米先進国やアジア主要国において豊かな食生活が実現してから半世紀も経たぬうちに、再び深刻な世界規模の食料不足が起きようとしているのである。

その主な原因はアジア、アフリカの開発途上国における爆発的な人口増加が止まらないことである。20世紀半ばの世界人口は25億人であったが、世紀末には60億人になり、現在は80億人、2050年には97億人を超すだろうと予測されている。ところが、この急増する人口を養うのに食料の生産が追い付いていない。年率2％で増え続ける世界の人口を養うには年率3％の食料増産が必要であり、それができなくなると再び食料不足が生じてくる。農耕地はすでに拡大し尽くし、単位面積当たり収量もこれ以上には増える見込みがないので、これ以上に増産したくてもできなくなっている。地球人口が100億人に達する21世紀半ばには世界的な食料不足が訪れてくることが必至である。

そもそも、食料の需給を決定する要素は人口と農業生産量であり、農業生産量は栽培面積と単収によって決まる。20世紀後半の穀物生産量、単収、栽培面積の推移を現在に至るまで追跡してみると、人口が30・3億人から75・5億人へ2・5倍に増加したのに対して、穀物の生産量はこれを上回る3・1倍に増加している。一方で、穀物の収穫面積は1・1倍とほぼ横ばいであったから、穀物生産量の増加は大部分が単位面積当たりの収穫量、つまり単収の増加によることがわかる。単収を2・8倍に増加させた要因は、高収量品種の開発・導入、化学肥料の使用、化学農薬の使用、灌漑面積の拡大などである。高収量品種の開発と大量の化学肥料の施肥によって、小麦とトウモロコシの生産量は20世紀初めに比べて3倍、米の生産量は2倍に増え、更に、大量に生産できるように

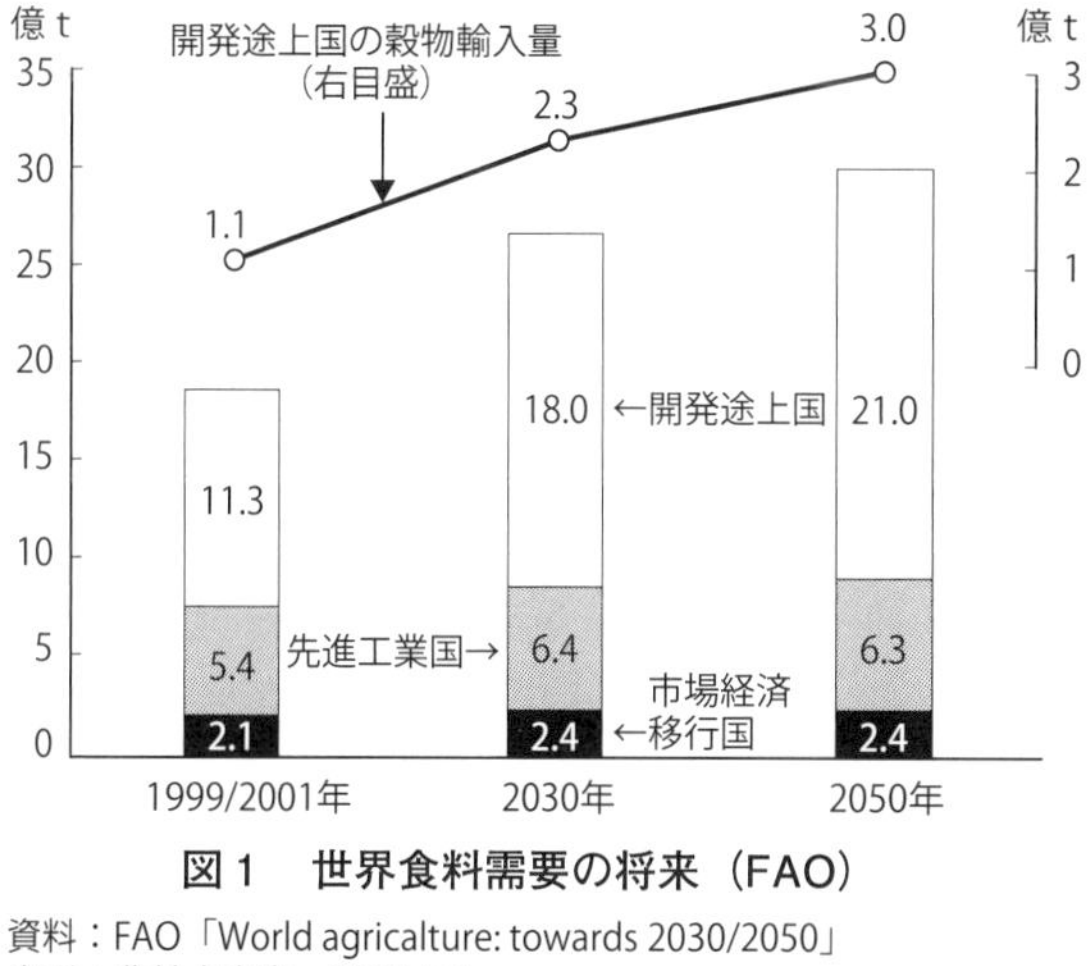

図１　世界食料需要の将来（FAO）

資料：FAO「World agricalture: towards 2030/2050」
出所：農林水産省　2007より
湯本貴和編「食卓から地球環境が見える」昭和堂　2007年　p.135

なったトウモロコシを飼料にして食肉の生産量も４倍に増えたのである。このようにして世界中で生産される食料は60億トンに増えたから、20世紀初頭には16億人であった世界人口が、世紀半ばには25億人、世紀末には60億人に増えたにもかかわらず、多くの人々が食料不足から解放されたのである。第二次大戦後の経済成長によって人々の所得が増えたことと相まって、大多数の人々が食べることに不自由をしなくなったのは欧米の先進諸国においても、我が国においても20世紀の半ば以降のことなのである。

２０１２年の国連の食糧農業機関（ＦＡＯ）の統計値によると、地球上の全陸地面積の９％に当たる15億ヘクタールの耕作地と、23％に相当する34億ヘクタールの牧草地、樹園地を使って、世界就業人口の約半分に相当する人数が農業を営んでいる。生産される年間26億トンの穀物、４億トンの馬鈴薯、１億トンの甘藷、

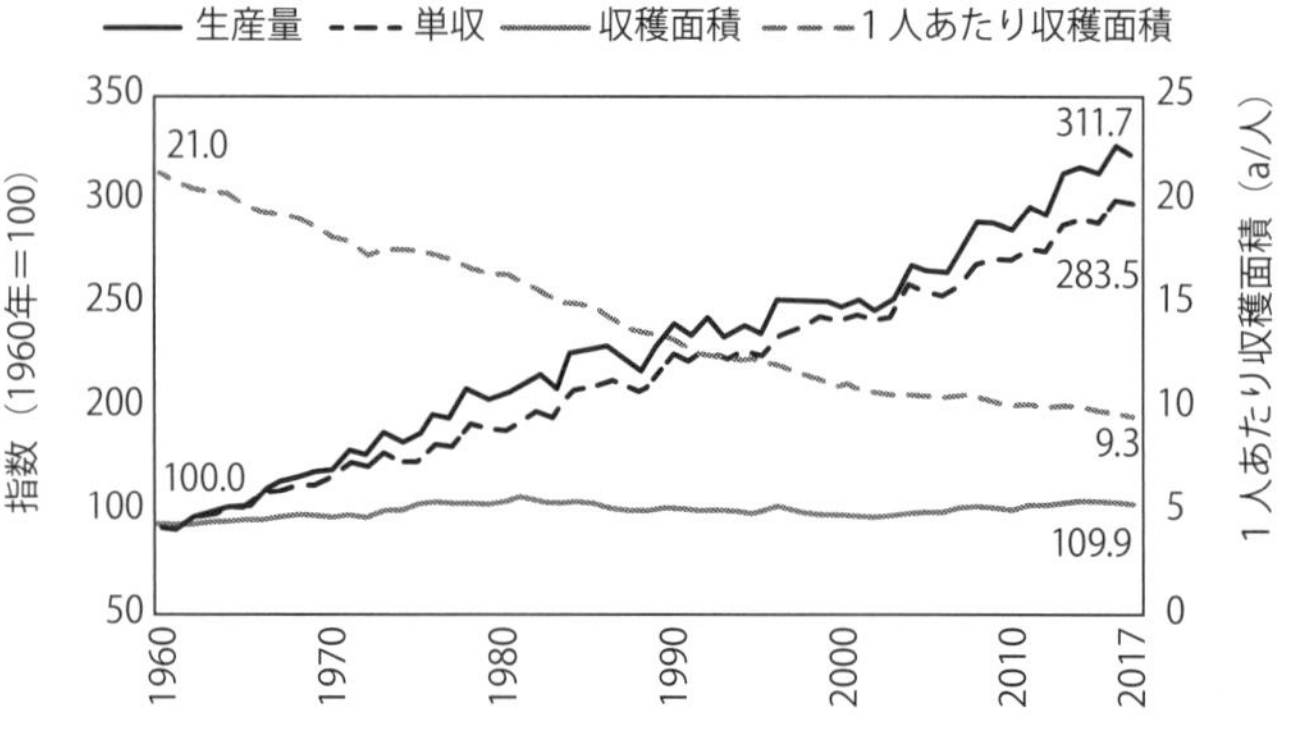

図２　穀物の生産量や収穫面積等の推移

出所：農林水産省「平成29年度　食料・農業・農村白書」より
吉積己貴、島田幸司、天野耕二、吉川直樹著「SDGs時代の食・環境入門」
昭和堂　2021年　p.117

３億トンの大豆、２億トンのトマトなど、並びに、15億頭の牛、12億頭の羊、10億頭の山羊、10億頭の豚、２２７億羽の鶏など合計約60億トンの食料が80億人の人々の食料となっている。地球表面の70%を占める海で漁獲・養殖される魚介類など海産物は約２億トンである。

しかし、これらの食料は１日、２５００キロカロリーを摂取できていない途上国の人々が多数いる現状において、80億人の人口を養うのが限界である。近い将来１００億人に増加する全ての人々が先進諸国並みの豊かな食事を摂るには、２０５０年までに世界の食料生産量を50～70%

表２　世界の主要穀物生産量の推移

1961年			1981年		
作物	生産量	(%)	作物	生産量	(%)
コムギ	222.4	(25.2)	トウモロコシ	452.0	(27.6)
イネ	215.6	(24.5)	コムギ	449.6	(27.5)
トウモロコシ	209.1	(23.7)	イネ	410.1	(25.0)
オオムギ	72.4	(8.2)	オオムギ	149.6	(9.1)
エンバク	49.6	(5.6)	ソルガム	73.3	(4.5)
ソルガム	40.9	(4.6)	エンバク	40.3	(2.5)
ライムギ	35.1	(4.0)	キビ、ほか	27.0	(1.6)
キビ、ほか	25.7	(2.9)	ライムギ	24.9	(1.5)
穀物類合計	880.7	(100)	穀物類合計	1,637.3	(100)
3大穀物以外	233.6	(26.5)	3大穀物以外	325.6	(19.9)

2001年			2016年		
作物	生産量	(%)	作物	生産量	(%)
トウモロコシ	625.3	(29.6)	トウモロコシ	1,078.2	(37.6)
イネ	600.2	(28.4)	コムギ	749.5	(26.2)
コムギ	588.5	(27.8)	イネ	741.0	(25.9)
オオムギ	140.1	(6.6)	オオムギ	141.3	(4.9)
ソルガム	59.8	(2.8)	ソルガム	63.9	(2.2)
きび、ほか	28.9	(1.4)	キビ、ほか	28.4	(1.0)
エンバク	27.0	(1.3)	エンバク	23.0	(0.8)
ライムギ	23.3	(1.1)	ライコムギ	15.2	(0.5)
穀物類合計	2,114.4	(100)	穀物類合計	2,865.7	(100)
3大穀物以外	300.7	(14.2)	3大穀物以外	297.1	(10.8)

注：単位は100万トン、合計には9位以下も含む。
出所：FAOSTATより
秋津元輝、佐藤洋一郎、竹内裕文著「農と食の新しい倫理」昭和堂　2018年　p.29

程度引き上げなければならないと言われているが、これを達成するのはどう見ても不可能である。

今後の食料不足を加速させる今一つの要因は食肉消費量の急速な増加である。経済発展に伴って国民所得が増えると、食生活が豊かになり動物性食料の消費が増加する。現在、世界で消費される食料カロリーの18%、たんぱく質の37%を肉、卵、乳製品と魚肉などの動物性食品で供給している。なかでも、肉は穀物中心の食事で不足しがちな栄養素を多く含んでいるおいしい食べ物であるから、どの国でも経済的余裕ができると食肉の需要が増えるのである。世界の食肉消費量は20世紀の後半に一人当たり年間30キログラムに増加した。ところが、牛肉1キログラムを生産するには11キログラムの飼料穀物が必要であり、同様に豚肉なら7キログラム、鶏肉でも4キログラムの穀物が必要である。1000キロカロリーの食物エネルギーを摂取するのに、穀物を食べれば300グラムで足りるが、穀物を牛に食べさせて肥らせ、牛肉に変えて1000キロカロリーを摂取しようとすると、3・3キログラムの穀物が必要になるのである。現在、世界全体でみると、生産される主要穀物26億トンのうち34%が家畜の飼料に使われている。

現在、最も食肉消費量が多いのはオーストラリアで一人当たり年間116キログラムを消費し、アメリカでは98キログラム、ヨーロッパ諸国では80キログラムを消費している。因みに、日本人の食肉消費量は第二次大戦を境にして13倍にも増加し、年間一人当たり30キログラムである。アフリカ、南アジアなどの貧しい開発途上国の食肉消費量はまだ一人当たり10キログラム程度であるが、2030

年頃には34キログラムには達するであろう。世界の人口が2070年にピークに達するころには、世界の食肉需要は現在の3億4千万トンより約1億トン多い4億7千万トンになると予想されるが、それだけの食肉を供給できる見込みは全くないのである。

将来の食肉の不足を見込んで、植物肉や培養肉の開発が盛んに行われている。植物肉とは、大豆やえんどう豆、緑豆などのたんぱく質を原料にしてココナツオイルなどの油脂、結着材、調味料などを合わせることにより畜肉の味、食感に近づけた製品である。すでにファストフード店などで当たり前のように食べられている。培養肉は家畜の筋肉細胞を人工的に組織培養して成型することで作られる。牛を飼育するには多くの飼料穀物、広い牧草地と水資源を必要とし、多量の温室効果ガスを排出するが、培養肉であればどれもその1～2割で済むから環境負荷が少ない。しかも、牛、豚、鶏などの体重の半分を占める食べられない部位を捨てる無駄がなくなる。肉用牛を飼養するには受胎から成牛になるまで2年半を要するが、培養肉の製造は2～6週間で済む。植物肉、培養肉以外にも代替たんぱく食材として開発されているものがある。例えば、昆虫は家畜よりも飼料効率がよく、より少ない飼料で飼育できるので、コオロギなど数種類の昆虫の食用化が進められている。コオロギを繁殖させてたんぱく質を生産する場合、飼料穀物は牛に比べて6分の1、豚や鶏に比べれば2分の1で済む。光合成により効率よくたんぱく質を生産するスピルリナやユーグレナなどの微細藻類も環境負荷の少ない代替たんぱく資源として利用することができる。

これら代替肉の開発は特にアメリカが先行しているが、日本でも新たな市場開拓に向けて意欲的な企業が多数参入している。日本における植物肉の市場は2020年で346億円、2030年には780億円になるという。これら代替肉、培養肉の世界市場規模は2021年現在出荷ベースで約4861億円であるが、2030年には約3兆円に成長すると予測される。しかし、最新の科学技術を使って開発されるこれらの「フードテック代替肉」の将来価値は認めるが、今後10年や20年のうちに多量の食肉不足を解消できるほどの規模になるかどうかは疑問である。

魚介類など水産資源の減少も世界的に問題になっている。世界の漁獲量は1950年ごろまでは年間2000万トン未満であったが、その後、9000万トンにまで急増した。しかし、世界の漁場の87%以上が利用されつくし、魚介類資源の自然増加を上回る乱獲が続いたので、資源が枯渇し始めて漁獲高は90年以降、9300万トン前後で頭打ちになった。過剰に漁獲されている魚介類は1974年には魚介類資源全体の10%であったが、2017年には34%に増えている。魚は脂肪が少なく、へルシーなたんぱく資源として世界的に需要が増えているが、それに応えることができなくなっているのである。

近い将来に世界規模での深刻な食料不足が生じる原因は、開発途上国の爆発的な人口増加と食肉消費量の増大、水産資源の枯渇だけではない。大規模に集約された工業化農業を持続するのに必要な自然環境が危うくなりかけているのである。土壌の汚染と劣化、二酸化炭素濃度の上昇、オゾン層の破壊などによる気候の異常な温暖化現象、水資源、化石燃料資源の不足などが地球規模で拡大して農業生産を脅かし始めている。増大する人口を養うために無理に食料を増産するとすれば、必然的に環境破壊、資源不足が拡大する。どれかの要因が臨界点を超えれば、膨張しきっている世界の食料生産システムは一挙に崩壊する。近い将来、世界規模の食料不足が襲来することは避けられそうもないが、もしそうなったら、国民の食料が自給できず、海外よりの食料輸入に頼って生活している日本はどうなるのであろうか。備蓄食料の放出などの一時的対応で済むことではない。食料の継続的な不足に対する国家の危機管理対策が必要である。

第3章　なぜ食料を増産することが困難になったのか

今や、新しい農耕地の開拓、灌漑地の拡大、多毛作の推進などはほぼ終わり、小麦、米、トウモロコシなど主要穀物の作付面積は最近の20年、少しも増加していない。2050年の世界人口が90億人程度と予想すると、それを養う食料を生産するには現在の農耕地15億ヘクタールより4～6億ヘクタール多い19～21億ヘクタール程度の農耕地を必要とする。今後の農耕地の開拓・拡大は一部の地域では続くかもしれないが、他の地域では塩害や砂漠化などが生じて農耕地の減少が止まないので、全体としての農耕地面積はもはや増やせない状況となっている。農耕地として転用可能な未利用地はアフリカと南アメリカの森林地帯などに13億ヘクタール残っていると推計されてはいるが、過去半世紀に開拓された農耕地が約1億ヘクタールに過ぎないことを考えると、持続可能な形で新しく4～6億ヘクタールの農耕地を確保することは容易ではない。

逆に、家畜の過放牧、塩害、表土流失などで失われる農耕地が増えている。堆肥など有機質肥料に代えて大量の化学肥料を使い続けた農耕地は、土壌の団粒構造が破壊されて保水能力を失い、多量に施肥された窒素肥料は硝酸化されて耕地から流出し、地下水、飲料水を汚染し、河川の富栄養化をもたらした。近年では毎年500～800万ヘクタールの森林が食料増産のために伐採、開墾されているが、森林が減ると雨も減り、旱魃が常態化して農耕地の7割が土壌浸食を起こし、生産力が急速に低下する。このまま放置すれば、2・5億トンの穀物の収穫が失われるという。過去100年間にわたって人間は地球上の土壌をかつてないほどに酷使して食料を生産してきたから、土壌は劣化し消耗してしまっている。国連の食糧農業機関（FAO）の報告によれば、食料生産に必要な土壌の33％以上がすでに劣化し、2050年までに90％以上が劣化するという。農耕地の酷使ですでに年間平均2600万ヘクタール（日本の農耕地の6倍）が砂漠化していて、過去40年間に世界の農耕地の3分の1弱、4・3億ヘクタールが失われたという。

また、農業には水を欠かすことができない。1キログラムの穀物を収穫するのには1トンから2トンの水を必要とする。人間が1日に必要とする飲料水は2リットルに過ぎないが、1日に必要とする食料の生産には2000リットルの農業用水を必要とするのである。ところが、近年、人口の増加と都市化が進んで淡水資源が不足し始め、世界の各地で農業用水が確保しにくくなっている。さらに地球温暖化に伴う気象変動により、降水量の変化が激しくなり洪水や旱魃が頻発している。人間が持続的に活動をするために使用できる淡水資源の限界は年間4000㎦と推定されている。農業に使用される淡水資源は全淡水資源の約65％を占めていて、2000年現在で年間1570～1772㎦であったが、2050年には最大2255~3066㎦になると予想され、淡水資源の使用限界に近付く。農耕地や農業用水は動かすことができない偏在性の強い資源であるから、現状でも地域によっては大きく不足していて農業生産の大きな制約となっている。20世紀の食の繁栄をもたらした穀物の大量生産システムは農業環境に予想もしなかった打撃を与えたのである。

また、化石燃料なしには膨大な地球人口が必要とする大量の食料を生産し、運搬し、供給することはできないが、その化石燃料資源が底をつき始めている。石油の埋蔵量の限界については諸説があり、1970年代のオイル・ショックのころには「世界の石油は今後30年でなくなる」と言われていたが、直近では今後58年と予想されている。いずれにしても、世界の油田の多くが湧出量のピークを過ぎていて、その総産出量は2015年の39億トンをピークとして減少し始め、原油の国際価格は1998年の1バレル（159ℓ）11ドルを底値として最近では100ドル近くまでに高騰している。多量に施肥するリン酸肥料、カリ肥料の原料であるリン鉱石、カリ鉱石も近年供給が不安定になり、今後100~300年で掘り尽くされると予想される。

人類の活動が排出した温室効果ガスが急増して地球が温暖化し、異常気象が増えてきたことも心配である。地球とこれを取り巻く大気圏の二酸化炭素の量は炭素に換算して7500億トンであり、そのうち2000億トンが海洋と大気との間の物理化学的拡散と植物や海洋プランクトンによる光合成、土壌微生物の呼吸、化石燃料の燃焼による排出、とでやり取りされて、大気中の二酸化炭素濃度はほぼ一定に保たれてきた。ところが最近の100年ほどの間に人間の活動によって発生する二酸化炭素が急速に増えてきてこのバランスが崩れてきた。化石燃料の燃焼などにより年間200億トン、耕地の開発や、熱帯雨林の伐採に伴う土壌有機物の大気放出で52億トン、人間と家畜、作物の呼吸で発生する30億トンを加えて二酸化炭素の人為的な発生量は2015年の時点で年間323億トンにもなっている。そのため、産業革命以前には280ppm程度で安定していた大気中の二酸化炭素濃度は、現在過去80万年で最も高い400ppmまで上昇している。

二酸化炭素の排出が増えるとその温室効果により地球の平均気温が上昇し始める。地球の平均気温は既に産業革命以前に比べて既に1・1度上昇しており、温室効果ガスの人為的な排出を抑制しなければ今世紀末には3・2度上昇するという。2020年から始まった国際的な排出削減計画〈パリ協定〉を達成しても、世紀末には産業革命以前より2・2～2・7度上昇すると予想される。平均気温が1・1度上昇している現在でも、

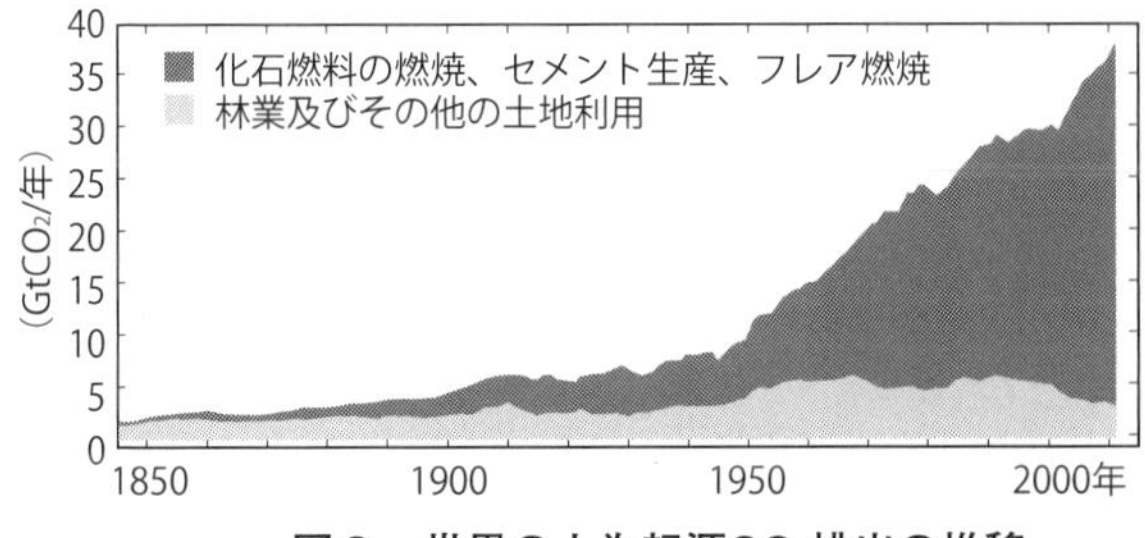

図3　世界の人為起源CO_2排出の推移

出所：IPCC第5次評価報告書の概要（統合報告書）（2015年3月版環境省）より
吉積己貴、島田幸司、天野耕二、吉川直樹「SDGs時代の食・環境問題入門」昭和堂　2021年　p.83

世界的に台風や異常豪雨、洪水、熱波襲来、旱魃などが頻発するようになっている。地球の平均気温が2度上がると、これまで比較的に安定した気温と降雨に恵まれていた農業生産に予想していた以上に大きなダメージが生じるのである。2016年の国連の食糧農業機関（FAO）の資料によると、主要穀物である小麦、トウモロコシ、大豆、米は地域によっては最大42％の減収が予想される。日本でも米の収穫量が今世紀末には2000年ごろに比べて20％ぐらい減少すると予想されている。気温上昇に伴う作物の呼吸量の増加と生育期間の短縮による収量減少が、大気中の二酸化炭素濃度の上昇による光合成促進効果を上回るため、穀物収量が大きく減少し、今後10年以内に10％の生産量減少が69％の確率で発生すると見込まれている。最新の試算によると、世界の気温が2度上昇した場合、世界の穀物生産に年間800億ドルの被害が生じるという。主要穀物の減収を補うために、キヌアやウイートグラスのゲノム編集

表3　気候変動による穀物単収の変化

平均気温の上昇		1.5℃	2.0℃
作物	地域	産業革命以前の気温水準と比較した増加率（%）	
小麦	世界	2（−6〜+17）	0（−8〜+21）
	熱帯地域	−9（−25〜+12）	−16（−42〜+14）
トウモロコシ	世界	−1（−26〜+8）	−6（−38〜+2）
	熱帯地域	−3（−16〜+2）	−6（−19〜+2）
大豆	世界	7（−3〜+28）	1（−12〜+34）
	熱帯地域	6（−3〜+23）	7（−5〜+27）
米	世界	7（−17〜+24）	7（−14〜+27）
	熱帯地域	6（0〜+20）	6（0〜+24）

注：かっこ内は66%信頼区間を示す。
出所：FAO（2016）
　　吉積己貴、島田幸司、天野耕二、吉川直樹「SDGs時代の食・環境問題入門」
　　昭和堂　2021年　p.121

により、気候変動に抵抗性のある代替穀物の開発が始まっている。

ついでながら、地球温暖化の進行は漁業にも影響を及ぼす。地球の温暖化による海洋生物の分布・回遊の変化など直接的な影響に加えて、海洋の物理化学的な環境や生態系の変化は海面で営まれる漁業、養殖業に少なからず影響するのである。最近、広い海域で海水温度が異常に高くなる海洋熱波が世界的に頻発するようになって、赤潮が異常発生するなど海洋生態系に影響が生じている。特に熱帯域や温帯域における漁業生産が減少すると予想され、日本の排他的経済水域においては、今後の二酸化炭素の排出が現在の水準に抑えられると仮定しても、漁業生産は2000年と比べて2050年には4～9％、2100年には6～15％低下すると予測される。また、陸域において気温上昇が続くと、湿潤地域と乾燥地域、湿潤な季節と乾燥した季節との降水量の差が増大して、内水面における漁業や養殖業に影響が出る。

このように考えてみると、今後、世界の食料の生産量が伸びる余地はほとんど残されていないから、遠からず世界的な食料危機が訪れてくるに違いない。科学技術を活用して食料を効率よく大量に生産し、それを世界中に流通させることで、20世紀後半における食の繁栄を実現した食料供給システムが、自然から厳しいしっぺ返しを受けているのである。

第4章　開発途上国に飢餓がなくならないのはなぜか

現在、世界には飢餓状態で苦しんでいる人たちが約8億人もいる。国連では2030年までに達成するべき持続可能な開発目標（SDGs）の一つとして、「飢餓を終わらせ、食料安全保障及び栄養改善を実現すること」を掲げているが、最近では異常気象による凶作や国際紛争などにより毎年1億人を超える規模の突発的な飢饉が発生し、その目標は達成できそうにない。

このように、開発途上国で飢餓がなくならないのはなぜであろうか。最近の数十年で地球人口一人当たりの穀物生産量は継続的に増大している。現時点で生産できている穀物30億トンを世界総人口80億人に均等に分配すると、一人当たり1日、約3000キロカロリーになる。だから、世界全体としては皆が十分に食べられるだけの穀物生産量があるのである。それにもかかわらず、世界人口の約80%を占める途上国の人々は十分な食料を得ていない。穀物の半分を世界人口の20%が住む豊かな先進国が消費し、残りの半分を人口の80%を占める貧しい開発途上国が分け合っているからである。先進国の贅沢な食料消費が途上国の飢えを作り出しているのである。

国連の食糧農業機関（ＦＡＯ）の調査によると、２０１９年現在で発展途上国では6億９０００万人が低栄養状態に苦しんでいるという。低栄養状態とは1日に摂る食料が体重を維持し、軽い活動をするのに足りない、つまり摂取する食物エネルギーが基礎代謝量の１・５倍以下しかない状態のことである。生きるための最少エネルギーである基礎代謝量の１・２～１・４倍以下しか摂取できない状態を飢餓といっているが、現在、東南アジアや中南米、北アフリカでは飢餓人口比率が10％、サハラ砂漠以南のアフリカでは32％である。その一方で、先進諸国では1日に３０００キロカロリー以上を飽食して、肥満による健康障害が生じているのである。

先進国の飽食と開発途上国の飢餓が併存しているのには、いくつかの複雑な理由がある。最大の原因は、グローバルな市場経済の原理によって食料の流通と配分が行われていることである。食料輸出国、特に北アメリカやオーストラリアには大量の食料が余っているが、食料不足に悩む開発途上国にはそれを購入する経済力がないのである。だから、先進国の豊かな12億人が世界の食料の86％を独占し、途上国の最も貧しい12億人の人々には僅か13％しか配分されていないのである。先進国の人々が1日３０００キロカロリーを消費しているのに、アフリカ諸国ではその3分の1程度しか摂取できず、6人に1人は低栄養状態にある。１９９６年、ローマで開催された国連の世界食料サミットでは、２０１５年までに低栄養状態で苦しんでいる人々の数を4億人にまで減らすために、先進諸国は国民総生産の０・７％を拠出して食料支援することを決議したが、いまだに目標が達成できていない。

二つ目の原因は、局地的な人口の急激な増加による自然破壊である。アフリカ、サハラ砂漠以南の諸国では1人当たりの穀物生産量は1960年からの20年間に20％以上も減少しているが、それはこの地域における急激な人口増加が原因であった。局地的に膨張した人口を養うため、限られた農地、森林からの無理な収奪、過剰な放牧が想像をはるかに越える速度で進み、耕地を荒廃させ、土壌を侵食し、砂漠化させて、それが食料不足や飢餓となって住民にはね返っている。20世紀の後半には素晴らしい成果を上げていた緑の革命（小麦、トウモロコシ、米の高収量品種の開発）も、アフリカの途上国においては成果がなかった。収穫量の多い新品種を栽培するには大量の窒素肥料と十分な灌漑を必要とするが、窒素肥料を多量に投与し続けると土壌中の有機質が失われて団粒構造が破壊され、肥料の保持力が失われる。また、乾燥地に大規模な灌漑をするために大量の地下水をくみ上げると地下水源が枯渇し、灌漑農地の排水がよくないと土壌の塩分濃度が増加して作物の育たない荒れ地になってしまう。灌漑設備や運搬道路が無く、化学肥料や農薬を買う経済力もない貧しい途上国の農民は、緑の革命の恩恵に与れなかったのである。

三つ目の原因は、世界経済における複雑な南北関係である。そもそも、今日のグローバルな食料供給システムにおいて起きている不平等な食料分配は、グローバルノース（ヨーロッパ、北アメリカ、アジア、オセアニアの高所得国）と、グローバルサウス（ヨーロッパの旧植民地であったアフリカ、中南アメリカ、アジアの低所得国）との不均衡な経済関係に起因している。1940年まで続いていた旧植民地時代には、ヨーロッパの宗主国は植民地から安価で収奪した農産物や天然資源を利用して近代化を進めた。第二次大戦が終わると各植民地は独立を勝ち取ったが、この不平等な経済関係は解消されなかったのである。依然として途上国の耕地は先進国が要求する茶、コーヒ、カカオ、砂糖、ピーナツ、綿花などの商品作物を栽培することに使用され、自国で必要な食料を自給する余裕がない。ヨーロッパの先進国は開発途上国の小規模農家が自分たちで食べる農作物を栽培する食料主権を簒奪し続けているのである。２０１８年、国連は開発途上の１２１ヶ国の賛成を得て、これら途上国の小規模農家と農村の食料主権を擁護する「小農権利宣言28ヶ条」を採択したが、欧米先進国は既得権益を失うことを恐れて反対したのである。ブラジルやアルゼンチンは農産物の輸出国ではあるが、国民の三分の一以上が食料不足で栄養不良状態にある。これらの国々では、バイオエタノールの原料に多量のトウモロコシが消費されることに反対するデモが多発している。「ディズニーランドに遊びに行く車の燃料に俺たちの食料を使ってよいのか」という貧しい人たちの叫びを聞き捨てにしてはならない。

南北問題以外にも政治的な原因で飢饉が発生する。長く慢性的に続く食料不足を飢餓と呼ぶが、凶作や戦争などにより一時的かつ局所的に発生する食料不足を飢饉という。20世紀前半にソビエト連邦、インド、中国、エチオピア、などに発生した深刻な飢饉は、戦争や複雑な政治、経済情勢が主な原因になって引き起こされた。１９１６~１７年、第一次大戦中のドイツでは食料供給網が断たれて76万人の死者を出す飢饉が生じた。１９３２年、３３年に起きたソビエト大飢饉は中小農家を集団農場（コルホーズ）に強制収容する過程で生じ、少なくとも３５０万人が餓死した。１９５８年から60年にかけての毛沢東思想に基づく大躍進政策は、中国に20世紀最大の飢饉をもたらした。１９８４年に起きて１００万人の死者を出したエチオピアの大飢饉は旱魃に内戦が重なって起きたのである。２００８年には、オーストラリアの旱魃と人民元の切り上げ、西アフリカのブルキナファソでの暴動、インド政府が実施した米の輸出禁止、バイオ燃料の原料として食用トウモロコシの大量使用、メキシコでの暴動などが続発して、たちまち世界の食糧価格は２０００年から２００４年までの価格に比べて一時的には2倍にまで上昇した。米の価格は2倍、小麦とトウモロコシの価格は３・５倍に高騰して、小麦は28年ぶり、米も19年ぶりの高値になったのである。豊かな先進国では収入に占める食費の割合は10％程度であるから、穀物価格が50％上昇しても食費の割合は15％になるに過ぎない。しかし、貧しい途上国では収入の半分が食費に充てられているから、穀物の価格が50％上昇すれば収入の75％が食費に消えてしまう。これらの地域では最低限のカロリーを摂るに過ぎない食事であっても、日々の賃金を上回ることがある。

２０２０年にはコロナ感染症の世界的流行により、国境封鎖や物流停滞が生じ、食料の輸出規制をした国が19ヶ国に及んだ。２０２２年には南アフリカのソマリアが気候温暖化の影響で過去最悪の旱魃に見舞われ、さらにイスラム過激派によるテロや紛争が絶えず、援助物質の輸送が滞り、６７０万人が深刻な食料不足に陥っている。さらに、ロシアのウクライナ軍事侵攻により、ロシア、ウクライナからの小麦輸出が止まり、中東、アフリカ諸国に食糧危機が生じた。そもそも世界で生産される穀物の大半は米、小麦、トウモロコシ、大豆の4品目で占められているが、これらの穀物は生産国で大半が消費され、輸出に回るのは生産量の一部である。それなのに、世界の小麦輸出量の3割を占めているロシアとウクライナに紛争が起きたのであるから、小麦の国際価格はたちまち史上最高値まで高騰し、その余波を受けてその他の穀物価格も一斉に値上がりする世界的な「フードショック」現象が生じた。日本では飼料トウモロコシの価格が1・5倍に値上がりし、大多数の畜産農家が赤字に転落した。

２０２０年、世界銀行が発表した推計によると、1日1・90ドル（約２００円）未満で暮らす絶対的貧困層は7億２９００万人もいるという。食料を購入する経済力がなければ飢餓から抜け出すことはできないから、世界人口の9・4％を占める貧しい人々が飢えと栄養不良に苦しんでいるのである。新型コロナウイルス感染症の世界的流行で失業率が急上昇して極度の貧困者は1億２１００万人増えたという。感染防止のための国境封鎖、都市封鎖などで食料の流通が制限されると、これらの貧しい人に対する食料援助が届かなくなる。飢餓のない世界を目指して毎年約80ヶ国で1億人に食糧支援活動をしている国連ＷＦＰ（世界食糧計画）が２０２０年度のノーベル平和賞を受賞したのには、このような背景がある。

直近の国連報道によれば、政治情勢の不安定化による国際間の難民は1億人に達したらしい。この人たちの多くは十分な食べ物を得ていない。先進国にも食料が十分に得られない人が大勢いる。世界最大の農作物輸出国であるアメリカにおいても、1割以上の家庭が食料を十分に確保できない状態にある。そこで、アメリカ政府は600億ドルを投じて、これら低所得者層への栄養支援プログラム（SNAP）を実施し、国民の7人に1人、4577万人が受給している。農務省は毎月、生鮮食品、乳製品、肉製品をそれぞれ1億ドルずつ購入し、フードバンクや教会、支援団体に提供しているのである。日本の相対的貧困率（国民の所得分布の中央値と比較してその半分以下で暮らす世帯の割合）は15・4%であり、シングルマザー世帯などに限れば48．1%にもなる。年収122万円に満たない世帯が6世帯に1世帯あり、貧しくて満足に食べられない人々が230万人もいるのである。

生活困窮者に食べるものを無料で提供する救援所がニューヨークには1200ヶ所、香港には520ヶ所あるというが、東京には50ヶ所しかない。我が国には余っている食料はあるが、それを貧困者に届ける社会制度が整えられていないのである。しかし、食品会社や販売会社から廃棄される在庫食品、売れ残り食品、包装破損食品などを寄贈してもらい、これらの恵まれない人々に届ける「フードバンク」活動をしている団体が全国に151団体に増えた。家庭に眠っている未使用の食料品を持ち寄って、食べるものに困っている家庭や福祉施設に配る「フードライブ」活動も始まっている。子供の7人に一人が相対的貧困状態である。親が夜遅くまで働いているので、お腹を空かせて待っている子供たちに食事を無料で提供する「子ども食堂」は全国に６０１４ヶ所に増えている。これらの市民活動は、まだまだ規模が小さく、貧困世帯の食料不足を直ちに解決できるというものではない。しかし、今後これらの活動はますます拡大することが期待されている。

このように食料不足だけが飢餓の原因ではない。飢餓は食料の不足にかかわる問題ではあるが、それ以上に貧困とそれに伴う食料の不平等な配分の問題である。過去数十年にわたる飢餓撲滅の世界的な取り組みの効果が上がらないのは、この課題が単なる農業問題ではなく、複雑な社会経済問題でもあるからである。食料はすべて地球自然の産物であり、人類の共有資源である。にもかかわらず、その分配をめぐって国際間の利害対立がなくなっていない。なぜ、飢餓がなくならないのか、どうすれば飢餓を減らすことができるのか、このことは現代の食料問題を巡る議論の中で最も難しく、また意見が対立する問題なのである。より大きな政治的、経済的問題が解決されない限り、食料不足と飢餓の問題は今後も繰り返されることになる。

そもそも、私たちが食べている食料はすべて地球自然の産物であり。全人類の大切な共有資源であるから、先進国の人も、後進国の人も、豊かな人も、貧しい人も、平等に分け合って食べるべきである。すべての人には十分にして安全で栄養豊かな食料を獲得する権利、つまり「食料主権」が保障されなければならい。そして、すべての人々がいかなる時にも健康で活動的な生活をするのに必要な食生活と嗜好のニーズを満たすために、安全にして栄養のある食料を十分に、物理的、社会的及び経済的に入手できるようにするのが「食料の安全保障」である。１９９６年の世界食料サミットにおいて、食料の安全保障を確保するには、それぞれの人々が居住する地域において次の4条件が満たされなければならないことが確認されている。一つ目は適切な品質の食料が十分な量で供給されるという「供給の可能性」であり、二つ目はその食料を入手する経済的、社会的「アクセスの仕組み」が整っていることである。例え、その地域の需要に対して十分な食料供給量があったとしても、社会的な不平等があると貧しくて立場の弱い人々は食料を入手するアクセスを確保できない。三つ目は入手した食料を健康的な食生活に「有効利用」できることであり、四つ目は「これら3条件が安定的に確保される」ことである。

２０１５年の国連食料サミットで採択された「２０３０アジェンダ」にあるように、地球上のすべての人々に食料主権があり、誰一人その権利から取り残されてはならないのである。豊かな先進国は過去の植民地政策、資源、労働力の収奪、武力介入などによって貧しい国々の食料主権と安全保障を侵害してきた。それ故に、今、貧しい国々に食料援助をする責任があるというのが「食料正義」というものである。

第5章　農と食の領域におけるＳＤＧｓ（持続可能な開発目標）

このように、現代社会における食料需給は、生産面では気候変動や資源の枯渇などに直面して今後増大する食料需要を賄えなくなり、消費の面では先進国の飽食、後進国の飢餓という深刻な食料格差の解消を迫られている。国際的ＮＧＯ、ＦＯＬＵ（フード&ランドユース　コアリシオン）の試算によると、世界の食料生産と消費が蒙る気候変動や環境破壊の被害は年間５・２兆ドル、肥満や低栄養などによる健康被害は６・６兆ドルになるという。

そこで、１９９６年ローマで開催された国連「世界食料サミット」において、すべての人々に対する食料の安全保障を達成して、飢餓人口を半減させる目標を目指すことが決議され、さらに２０１５年の国連総会において採択された持続可能な発展・開発目標（ＳＤＧｓ）の中では、食料需給に直接的に関連する次の５目標が設定されている。

目標２　飢餓を終わらせ、食料の安全保障及び栄養の改善を実現し、持続可能な農業を促進する

目標12　持続可能な生産と消費の形態を確保する

小売・消費レベルでの食料の廃棄を半減させる
化学物質や廃棄物の環境上適正な管理、環境への放出の削減
目標13　気候変動及びその影響を軽減するための緊急対策を講じる
目標14　海洋と海洋資源を保全し、持続可能な形で利用する
目標15　陸生生態系の保護、回復、持続可能な利用の推進、持続可能な森林の経営、砂漠化への対処、土地の劣化阻止・回復及び生物多様性の損失を阻止する

そこで持続可能な社会における「農と食の在り方」を論議することの意義を改めて考えてみる。20世紀の後半、農業分野における品種改良、機械化、化学肥料と農薬の使用により農産物の生産量が急増し、食品の加工技術が進展して多種多様な商品が生み出され、それを世界的に流通させて大量に消費させる巨大なフードシステム（食料の生産・加工から流通、販売を経て末端の消費に至る食料需給総合システム）が形成されて、先進国に空前の食の繁栄をもたらした。しかし、その一方で、世界人口の1割を超える飢餓人口が途上国に存在し、ほぼ同数の飽食による肥満人口が先進国に発生した。このグローバルな大量生産、大量消費のフード産業システムは、今や入口において地球資源を使いつくし、出口において環境破壊と食の格差を引き起こして、危機的状態にある。この危機的状態を解消するには、一時的な対症療法のような対応ではなく、持続可能性の視点からみて抜本的な構造改革を伴う対応が必要である。

迫りくる世界規模の食料不安を解消して、すべての人々に公平で、且つ持続可能な食料需給システムを実現するには、最新のバイオ技術やＡＩ技術を生かし、自然や環境が不可逆的な損失を蒙らない範囲内において食料の生産活動（農）を行い、その成果を通じて南北間、世代間に衡平な食料主権（食）を実現する「持続可能な農と食のシステム」への転換が必要なのである。そのためには、自然を利用しつくし、使い捨てにして実現した利益追求本位のアグリビジネス・フードビジネスの思考から脱却して、自然と環境そして社会衡平に配慮し、且つ全ての人々への食料充足性を失わない、持続可能性のある生産（自然と農）と消費（社会と食）の相互システムを新たに構築する必要がある。

人類４００万年の生活は地球に対して一方通行型で続けられてきた。しかし、人間の活動に対して地球の容量が十分に大きかったために、資源は使っても無くならず、廃棄物は捨てておいても自然に分解・浄化され、環境を汚染しても一定の時間が経てば元の健全な状態に戻ったのである。産業革命が起きて産業の規模が大きくなった後でも、地球の資源は必要なだけ取り出してよい、取り出した資源は好きなように使い、余ったものや、使い滓は好きなところに捨ててよい、と考えてきた。産業が発展するということは、より価格の高いものを、より多量に生産することであり、そのために資源やエネルギーをより多く消費するということでもあった。

ところが、20世紀後半になって、産業と市場経済がこれまでにない大きな規模に拡大し、人口が爆発的に増加して急激な都市化が進行した。その結果として、①地球温暖化　②オゾン層の破壊　③酸

性雨　④野生生物の種の減少　⑤森林（熱帯林）の減少　⑥砂漠化　⑦海洋汚染　⑧有害化学物質による環境汚染　⑨開発途上国における食料不足などが相互に関係し合いながら進行して人類の生存そのものが危うくなりかけている。

現代の産業社会システムは、これまで自然環境、天然資源、生物生態系の維持・保全とは無関係の存在として発展してきた。しかし、今やその産業経済活動が膨張しすぎて人類生存の基盤である地球環境を破壊しようとしているのである。人間の需要は自然の回復・供給能力を超えてはならないのである。したがって、持続可能な社会への転換とは、巨大化した産業社会を地球環境と調和するものに再編成し直すことに他ならないのである。

このように考えると、大地を耕して、作物を育てて、食べる、という農と食の営みは、人間の命を繋ぐための根源的な活動であり、地球の自然・生態系と人間の社会活動のいわば接点の役割を演じてきたと言ってよい。狩猟や採取、農耕など食料生産手段の発展は、そのまま人間の暮らしの発展をもたらした。農と食の営みは自然と文化を橋渡しする役割を担ってきたのである。人類が狩猟採取の生活を止めて農耕を始めたことにより、それまで不足していた食料を安定的に手に入れることができるようになったので、生活に余裕ができて人口が増え、集落が大きくなって都市になる。すると、農産物や漁獲物の物々交換が始まり、手工業が発達し、やがて商業が発展して貨幣経済が生まれることになった。「農と食」という行為は人類社会発達の原点であったと言ってよい。

昨今、新型コロナウイルスの感染拡大やロシアのウクライナ軍事進攻を発端にして、食料の供給不安が起こったことは記憶に新しい。国民が生きていけるだけの食料を今後いかにして安定的に確保するかという食料安全保障の重要性が、昨今の世界情勢を受けて改めて認識されている。本書のテーマとする「食」とそれを支える「農畜産漁業」は人類が生きていくのに欠かせない最重要な要素であるが故に、現代社会の最重要課題である持続可能性実現の中核的存在であるべきである。農業や畜水産業が持続可能でなければ、食料は獲得できず、食料が不足すれば人類は生きていけない。

とするならば、現代産業化された農（食料生産）と豊かで便利な食（食料の消費）を持続可能な状態に移行させる道を探ることは、21世紀の人類がこの地球上で安定して繁栄を続けられる持続可能な社会への道を探ることに通じることになる。その生産過程に自然、環境を取り込み、多様な生命を育み、その廃棄物を次の生産の資源とする循環過程を持ち、また、生産から消費に至る過程において自然、風土・社会・文化との密接な関係を保ち、生命・自然・環境を

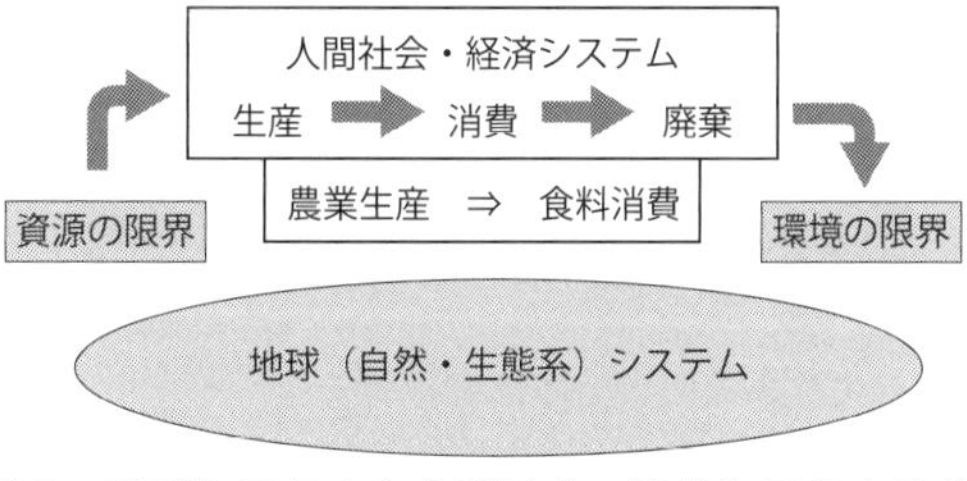

図4　地球システムと人間社会・産業システムの共生

古沢広祐著「食・農・環境とSDGs」農文協　2020年　p.122、図Ⅱ−4を改変

一体として良好な状態に持続するという農と食の在り方は、持続可能な社会全般の基盤となるべきものである。地球上における人間社会の基底に「農と食」を置いて、そこから社会全体の在り方を問い直すことが、持続可能な社会への移行を考えるについて重要なのである。

第6章 「持続可能な農と食」とはどのようなものか

1980年代の半ば以降、先進諸国では現代の産業化された農業を見直して、「持続可能な代替農業」へ移行することに取り組んできた。「代替農業」とは従来の農業にとって代わる新しい農業という意味であり、①養分循環、窒素固定など自然メカニズムを生産過程に取り入れる、②環境や人体の健康を損なう化学肥料や農薬の投入量を減らす、③作物や家畜が本来持っている生物学的遺伝能力を活用して生産性を高める、④作付けや管理技術を農地の物理的条件に適合させる、⑤環境及び生物資源の保全に留意しつつ⑥農業経営の収益性や生産効率を向上させて、農民と農村社会の生活の質を高める、新しい農業を意味する。今、このような環境保全型循環農業が世界の農耕地面積の12・5%に広がって実施されている。

国際経済協力開発機構（OECD）では、「持続可能な農業」とは農業生産力を確保しつつ、環境保全の目的も達成しうる農業技術や農法の体系であり、①経済的に成り立つ農業生産システムであること、②生産手段としての自然資源基盤を維持向上すること、③農業以外の生態系を維持・保全すること、④農村の快適さや美しさを創出すること、の4条件を満たす農業であらねばならないとしている。国連の食糧農業機関（ＦＡＯ）の定義によれば、持続可能な農業とは、土地、水、植物及び動物の遺伝資源を保存し、環境的に天然資源を悪化させず、技術的に適切、経済的に実行可能であり、社会的に受け入れ可能な農業でなければならないとしている。

さらに、爆発的な人口増加と食料不足に悩む後進国の立場から言えば、「持続可能な農業にとって欠かすことのできない要件はこれ以上に環境の悪化をもたらさずに、「世界人口の増加に応じるに必要な食料を増産すること」であらねばならない。人類が生存し続けられるだけの食料を持続的に生産することは、持続可能な農業に課せられる最も重要な課題である。つまり、自然、資源と環境を保全しながらも、質量両面においてすべての人々に食料を安定的に供給し、それを通して農村に雇用を作り出し、農民の生活と所得の安定性を維持向上させることが必要なのである。そうでなければ、世界的に農業と農村の持続可能性は達成されないのである。

さらに持続可能な農業が備えるべき必要条件を付け足すならば、農業は農産物を生産するという経済価値の外に、場所・空間的な広がりを持ち多面的で公益的な役割を果たす機能があり、この機能は人間の生活にとって欠かすことができないものであり、将来にわたって持続的に保持されなければならない。農業生産の場である農村コミュニティにおける、人と風土、人と社会・文化との良好な関係が維持されなければ、農業生産そのものも十分に維持・保全することが難しいのである。ここでいう

「多面的・公益的価値」とは、①地域経済の維持（地域労働力の供給、地場産業の維持、地域購買力の維持、過疎の防止など）、②地域環境の保全（治水、水源涵養、気候緩和、自然災害防止など定住環境の維持、田園景観の維持、生物多様性の保全など）、③人間性の回復（癒しと安らぎの場の提供、レクリエーション、農業体験、環境教育の機会提供など）、④伝統文化の継承（冠婚葬祭・民俗・風習の継承など）、である。

このように、持続可能な農業が備えるべき要件を明らかにしたうえで、今後とり組むべきことは、この持続可能な農業の理念を現実の社会でどのように実現するかである。国際経済協力機構（OECD）では、持続可能な農業への具体的取組の指針として次の8点を指摘している。①農村の資源を単に農業生産に利用するだけではなく、野生生物の生息地、美しい景観など環境的資源としても利用することを考えること、②環境コストを考慮し、適切な資源配分と効率的な利用の向上を図ること、③農業生産をゆがめ、環境悪化をもたらす生産投入物や生産計画を改善すること、④環境資源基盤の維持向上が農家や社会全体の利益になることを理解させること、⑤廃棄物処理よりも汚染防止に努めること、⑥農業政策と環境政策の全般に関わる取り組みよりも特定の環境問題に絞った目標をまず設定すること、⑦汚染者負担原則を適用すること、⑧農業政策と環境政策の一体化を進める行政システムを構築すること、である。

農業による環境負荷を軽減し、自然資源を保全することと、増大する世界人口に対処できる食料を生産することは、どちらも人類の今後の生存に直結する課題である。しかし、今後の農業を持続・発展させるために必要な「環境と資源の保全」と「生産力の向上」は本質的にトレードオフの関係にあり、両立しがたい課題なのである。今、世界の各国は「農と食」に関して今後のテーマとなったこの二項対立を克服する生産・消費モデルを生み出そうと試行錯誤している。そのためには、目に見えない環境負荷を数量化して把握し、それを軽減・解消するために生産者と消費者が協力して取り組む必要がある。

もちろん、農と食の持続可能化のへ取り組みは、それぞれの国の自然的並びに社会的特性を離れては論じることができない。それぞれの国において気候、人口、耕地面積、農業集約度、耕作様式、食料自給率、そして食習慣・文化などに違いがあるから、持続可能な農業への進め方にはその国ならではの判断がある。

とすれば、我が国において取り組むべき課題は、次の第7章から10章に分けて述べるように、環境と資源の保全に配慮するエコロジカルな農畜水産業の再構築、並びに飽食と肥満を解消し、環境と社会に配慮するエシカルな食生活、そしてこの両者を同一の視野に収めて、私たち一人一人が未来の食に対する生産者責任、消費者責任を果たすことではなかろうか。

第7章　日本の農業を持続可能にする取り組み

最初に私たちが暮らしている日本の農業の現状とその持続可能性について考えてみることにする。戦後の40年を経て日本の食生活はかつてないほど豊かになったが、その食料を国内ですべて自給することができない。カロリーベースの食料自給率は平成10年以降40％弱に低下していて、年間に必要な食料、８６００万トンの６割、５０００万トン余りを海外から輸入しなくてはならないのである。日本の食料自給率が欧米先進国に比べて最も低いのは、人口が多く、農地が狭いからである。現在、農地面積は４３５万ヘクタール、人口は１億２４００万人であるから、一人当たりの農地面積はわずかに３・５アール（３５１㎡）に過ぎない。欧米の先進国を見ると、アメリカは一人当たりの農地が１６０アールもあるから食料を十二分に自給して、余った大量の食料を輸出することができる。イギリスやドイツでも一人当たり30アールほどの農地があるから食料の70％～84％を自給することができている。

日本の農家は耕地面積が平均２ヘクタールと狭くて、十分に機械化できず労働賃金も高いので、農産物はどれも生産コストが海外諸国に比べて著しく高い。米は11倍、小麦は10倍、牛肉や野菜でも2～3倍は高い。だから安価な海外農産物が大量に輸入されると競争することができないのである。小麦の自給率は15％、大豆は7％に減少し、トウモロコシはほとんどすべてを輸入に頼ることになった。農林水産省は40％弱にまで低下した食料自給率をせめて45％に回復させたいと、この20年間、さまざまな国内農業の活性化政策を実施してきたが効果がなく、食料自給率は依然として40％弱に低迷したままである。

日本の農業は戦後の70年間絶えず構造改革の対象にされてきた。昭和36年年に施行された旧農業基本法は農業生産性の向上と農家所得の増大を目標にしてきた。零細で労働生産性の低い農業を規模拡大させ、労働生産性を高めて、他産業の従事者と同じくらいの所得を農業によって獲得できるようにするのが目標であった。しかし、時を同じくして起きた高度経済成長の余波を受け、農地は工業用地、住宅用地、道路用地に転用されて集約化が進まず、現在でも販売農家一戸当たりの耕地面積は平均2・5ヘクタール、農家全体でみれば1・8ヘクタールに過ぎない。苦労して栽培した農作物の生産価格が高く、安価な海外農産物に押されて生産コストに見合った価格で販売することが難しいのだから、農家は生産意欲を失い、農業生産高は9兆円、農地面積は435ヘクタール、販売農家は103万戸、農業人口は249万人、このうち基幹的農業従事者は136万人に減少してしまった。農家の経営規模の拡大を図り、農産物のコストダウンに努めることは重要だが、それだけではオーストラリアやアメリカの大規模農業にとても太刀打ちできない。農畜産業の生産額は、昭和35年には年間4700万トン、1・9兆円で、国内総生産（GDP）の11％を占めていた。それから60年経った現在では5000万トン、9・2兆円に増えているが、国内総生産に占める比率は僅か1・7％に低下している。農畜産業は戦後の高度経済成長に取り残されてしまった。そして最近の20年間は平成11年に改訂された食料・農業・農村基本法により、食料の安定供給・安全保障、農業と農村の持続的維持・発展並びに公共的多機能の維持を目標にするよう迫られているのである。

平成13年度の農村白書によると、耕作面積が2ヘクタール程度の平均的な米作り販売農家の年間総所得は平均828万円であるが、そのうち農業粗収入は351万円、経費を引くと農業所得は108万円に過ぎない。それから20年後、令和2年度の調査をみても、平均農業所得は123万円であり、いくらも増えていない。農業だけでは生活できないので、販売農家24万戸の8割が兼業であり、給与や年金などの農外収入で家計を維持して農業を続けているのである。農業で生計が立てられる大規模農家は5万戸に過ぎない。だから、農家は後継者が見つけにくく、農業従事者の7割が65歳以上の高齢者であり、40歳代以下の農業従事者は1割に過ぎない。平成7年には高齢者の割合は4割であったのだから、この20年間に急速に老齢化し、もう農業を止めるか、それでも続けるか、農家は難しい選択を迫られている。そのため、休耕地が100万ヘクタールに増え、耕作放棄地が42万ヘクタールに増えている。耕地面積を100としたときの作付面積の比率である耕地利用率は、昭和35年には13

4％であったが、平成22年年以降は92％に減少し、貴重な農耕地が有効に利用されなくなっているのである。農村の深刻な人手不足を解決する手段として、国はここ数年約4万人の外国人労働者を受け入れてきたが、コロナ禍に伴う入国制限によりそれもできなくなっている。政府の農業支援政策は農産物の輸入規制、保護関税、農家補助金、収入保険などが実施されてはいるが、どれも効果が上がらない。農業政策だけではなく、社会政策、労働政策、教育政策などを整合させた総合的な支援体制が必要である。現状のままでは2030年ごろには全国的な農村崩壊が起こりかねない。

また、農業はほかの産業に比べて人手に頼る作業が多い。その上、水や肥料の与え方、土作りの方法、病気や害虫の除去などについて積み重ねた経験を必要とする。これら人手不足や熟練性の低下などを解決しようとするのが、ロボット技術やICTを活用して超省力、高品質生産を実現

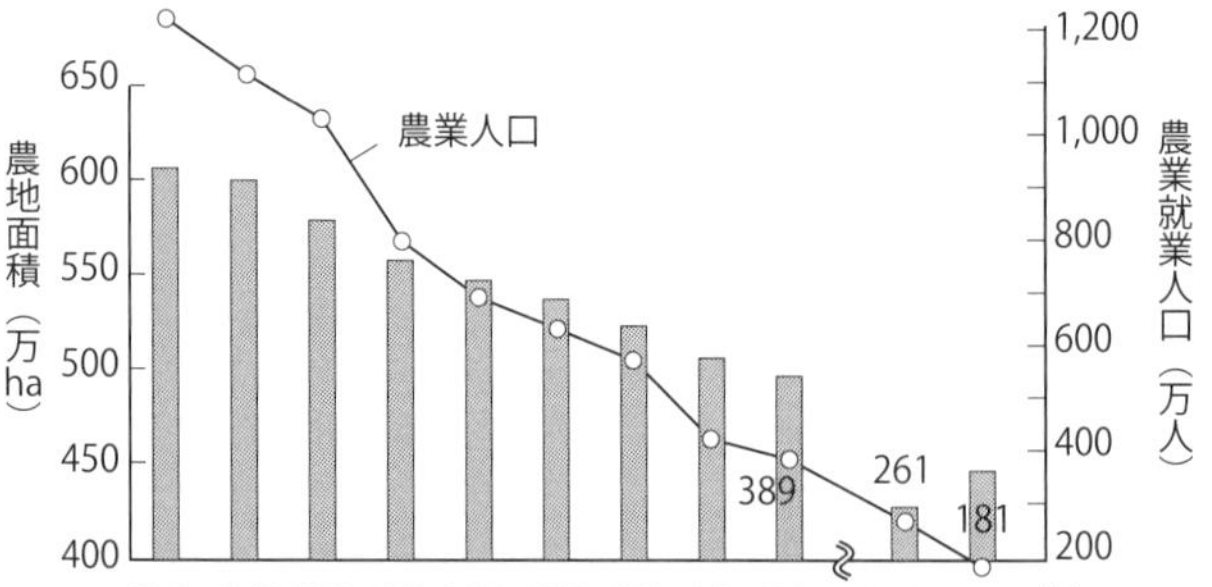

図５　農地面積と農業人口の減少が続く

出所：農林水産省　耕地及び作付け面積統計　による。
橋本直樹著「飽食と崩食の社会学」筑波書房　2020年　p.41

する「スマート農業」である。

人手不足についてはロボットやドローンなどを導入して作業を自動化することで解消し、経験不足については、AIに農作業のビッグデータを記憶させて栽培管理を判断させれば新規就農者でも農業が続けられる。農業経営の規模が大きいアメリカでは、GPS自動操縦のトラクターやコンバイン、収量モニターなどが60%を超える農家で採用されている。しかし、耕地面積が狭く、十分に機械化できない日本の小規模農家にスマート農業を全面的に導入するのは費用対効果が悪いが、ドローンの利用は急速に普及している。動力噴霧器を背負って1ヘクタールの畑に農薬を散布するには2時間を要するが、ドローンを使って空中散布すれば15分程度で終了する。ドローンによる農薬空中散布面積は平成30年度には3万ヘクタールであったが、数年のうちに100万ヘクタールに拡大するよう計画されている。平成31年、農林水産省はスマート農業の推進に67億円の予算を付け、2年後に農業生産額の1割増加、生産コストの2割低減を目標としている。

漁業についても同じような現状がある。国内の魚介類漁獲高は1986年の1万2000トンをピークとして減少に転じ、最近の10年では4300万トンに減少し、自給率は53%に低下している。原因は沿岸の魚類資源の再生を上回る乱獲である。入江の多い日本には6千を超える漁村があるが、そこで営まれる10トン未満の小型漁船による沿岸漁業はこの四半世紀で半分以下の規模に衰退し、漁業戸数は5万戸に減少した。

将来の食料を安定的に確保して国民の生命を守ることは国家の最重要課題であるが、日本人の食料を持続的に確保するについては、大量の輸入食料に依存する不安定性と国内農水産業の衰退が同時に進行するという二重の脆弱性があることを忘れてはならない。狭い国土に多くの国民が暮らして豊かな食事をするのであるから、必要な食料を完全自給することはとても無理ではあるが、さりとて食料自給率が40％と低くては国民の食料安全保障ができない。せめて60％ぐらいは確保しておきたいが、頼りにする国内の農業生産は依然として回復する見込みがない。となると、現在の無駄の多い食生活を自粛するより外に道はないと考えねばならない。脂肪の摂取過多になっている現在の食事を見直し、肉料理や油料理をセーブして40年前の日本型食事に戻せば、自給率は50％に回復し、同時に肥満や生活習慣病も解消する。さらに、年間1600万トンにも増えている食料の廃棄量を半減し、食べ過ぎ、飽食をなくすれば、食料自給率は60％ぐらいに回復するのである。ご飯を中心にして魚と野菜を食べる和食は食料自給率の回復に役立つのであるが、しかし、健康のために和食を摂ろうとする人はいるが、自給率を回復させるために和食中心の食事をしようとする人はいない。

近い将来に世界的な食料不足が訪れてくることを考えれば、海外の食料輸出国と経済連携協定（EPA）や自由貿易協定（FTA）を結んで友好的な貿易関係を築き、今後の食料輸入を担保しておくことが必要である。数年前、太平洋を囲む12ヶ国間の自由貿易協定である環太平洋経済協定（TPP）への参加を巡って賛否両論があった。農林水産省は当初、TPPが締結されて農林水産物180

0品目の関税が撤廃されると、安い海外農産物が今以上に流入して食料自給率は14％になり、国内農水産業の生産額は4兆円減少すると危惧していたが、幸いその後の交渉によって2千億円程度の減少で済むことになった。TPPに反対するよりも、TPPに参加しても耐えていけるように、国内農業の根本的な体質改善を急ぐのが本筋である。今後はグローバルな輸入とローカルな自給の組み合わせを長期的にコントロールする食料供給体制を整えることが必要になる。

国内農業を活性化して、国民が必要とする食料を少しでも多く自給するために、政府はこれまでに様々な農業振興策を実施してきた。農家が生産物を加工、直接販売する農業6次産業化、農家経営の法人化、株式会社の農業参入、国産農産物の輸出促進、若者の就農支援などである。その結果、農家や農協が行う農産物加工、直販事業の年間販売額は2・7兆円、農水産物の輸出額は1・4兆円に増えたが、大規模の農業法人はまだ全販売農家の3％と少なく、新規就農者は最近の20年を通じて年間5～7万人である。最近では特定の地域で生産される特産農産物を高付加価値化する試みが行われている。例として、魚沼産コシヒカリ、ひとめぼれ、あきたこまちなど食味の良いブランド米の拡売、京野菜、江戸野菜など伝統野菜の復活、三重の松阪牛、鹿児島の黒豚、栃木の苺、長野のぶどうなどの育成である。

国民が必要とする食料を自給できていないために国内農業の評価は低いが、日本の農業の生産力は決して悪くないのである。年間約5000万トンの農産物を生産することができるその実力は、生産金額にすると中国、インド、アメリカなどに次ぐ世界第8位であり、農地1アールで生産している食料をカロリー換算して比べれば、世界で一番多いのである。しかし、農家1戸当りの農耕地が狭く、しかも労働賃金が高いために、生産価格が高く国際競争力がないのが大きな弱点なのである。

農産物の流通がグローバル化したことにより国内農業が衰退する現象は、日本ほど激しくないがヨーロッパ諸国でも同じように起きている。そのため、EU諸国では国家予算の5%程度の政府補助金を投じて国内の農業を支援している。食料を国内で自給して、国民の食料の安全保障をすることは国家の基本的な責務であると考えているからである。フランス、イギリスでは、農家一戸に数百万円の補助金が支給されるので農業生産が回復し、一時は45%に落ち込んでいた食料自給率が70%に復活した。ドイツでも同様に65%から90%に復活している。農家の所得に占める政府

表4　各国の農業に対する国家補助金の比較

	A			B
（単位：%）	2006年	2012年	2013年	2012年
日本	15.6	38.2	30.2（2016）	38.2
アメリカ	26.4	42.5	35.2	75.4
スイス	94.5	112.5	104.8	—
フランス	90.2	65.0	94.7	44.4
ドイツ	—	72.9	69.7	60.6
イギリス	95.2	81.9	90.5	63.2

注：農業所得に占める補助金の割合（A）と農業生産額に対する農業予算比率（B）
「農業粗収益－支払経費＋補助金＝所得」と定義するので、例えば、「販売100－経費110＋補助金20＝所得10」となる場合、補助金÷所得＝20÷10＝200%となる。

出所：鈴木宣弘著「農業消滅」平凡社新書　2019年　p.152

の補助金の割合は、フランスやイギリスでは9割、ドイツでも7割になるのである。ところが、日本の農林水産予算は最近の10年を通じて2・3兆円であるが、このうち農家に直接支払われる農家補助金は毎年５０００億円程度で、国家予算（一般会計）の０・５％に過ぎない。例えば、１ヘクタールを耕作する米作り兼業農家であれば、水田活用直接支払交付金、高収益作物支援交付金などを合せて農業所得の１〜３割程度の支援金を受け取るに過ぎない。

課題1　食料自給率の向上と農家経営の安定化

このような現状にある日本の農業を持続可能にする第一の課題は、１００万ヘクタールの休耕地、42万ヘクタールの耕作放棄地を再活用するなどして、できる限り多くの食料・飼料を国内で生産して国民の食料安全保障をすること、並びにその食料を生産する販売農家が農業で持続的に安心して生活できるようにする社会政策を実施することであることは自明である。このことは国民が必要とする食料の40％弱しか自給できていない我が国の農業にとっては欠かすことのできない基本的課題なのであるが、ここまで説明してきた現状を考えれば達成することが最も難しい課題でもある。しかし、これを達成してこそ、農家は国民の命を守っているという誇りと覚悟を持って働くことができるのである。国内における食料生産の拡大に向けて食料・農業・農村基本法の22年ぶりの改正が急がれる所以である。

課題2　中山間地の農業と農家を支援する

日本の農地の37％は中山間地に点在し、そこでは総農家数の42％に相当する45万戸の零細農家が家業として耕作を続けて小規模集落を守っている。そこで生産される農産物は全国生産量の4割に過ぎないが、これらの小規模農村集落が果たしている多面的な公益的役割（第6章参照）は大きい。しかるに、最近の40年間に中山間地の農村人口は37％も減少し、現在全国に散在する14万の農業集落のうち、集落の人口が9人以下になり存続が危惧される集落は1万集落に増えている。中山間地の農業集落は維持することが難しくなっているのである。集落が維持できなくなると、溜池、用水路、農道が維持できなくなり、林地の下刈、間伐もできないから土砂崩れ、山崩れ、洪水被害が続発する。

中山間地において営まれる農林業は生活産業であると同時に地域社会を支える基盤そのものである。中山間地の自然とそこに散在する集落は自然の恵みを利用する農林業によって形成され、維持されてきた。山里に作られた水田は多様な生態系と美しい農村景観を形成し、住民によってよく手入れをされた里山は水源涵養、保水機能を果たし、土砂の崩落、流出を防いで下流部にある都市を水害から守っている。身近にある自然資源を活用して自給自足で暮らす中山間地の生活を持続可能な社会のモデルとして捉えることは、私たちに様々な啓示を与えてくれる。都会で暮らす私たちは生存に必要な食物やエネルギーの大部分を海外から持ち込んで暮らしているが、そのような海外資源に依存した生活が国内の田畑や山林を荒廃させ、地域の農業と農村の維持を困難にしているのである。いくらグローバル化が進んでも、私たちは生活を営む地域の環境、自然と切り離されては暮らしていくことができない。近年、社会の閉塞感が高まるとともに人々の価値観が変わり、「春の小川」や「ふるさと」に歌われた田舎の風景に憧れを持つようになり、自分たちの生活の再点検や子供の情操教育の場として、生産と生活の場が同じである農村の暮らしを体験してみる人が増えている。平成11年に改訂された食料・農業・農村基本法では、こうした情勢変化に応じて農村、農業が果たすこれら多面的な公益的役割をコモンズ（社会共通資本）として維持することを重要な目標の一つに取り上げている。

そこで、中山間地で耕作放棄をせずに農業を継続して自然環境を保全している集落には、平成12年度から中山間地直接支払制度を適用して補助金を出すことになり、平成27年年度からは農地の草刈りや、水路、農道、溜池の補修などを多面的機能支払制度により支援することになり、その対象面積は229万ヘクタールに及んでいる。世界的にみても、EU諸国では山村での小規模農業経営に補助金が支払われており、国連においては小農権利宣言（第4章参照）が採択されるなど、地方の伝統的な小規模農業と農村生活を維持、支援することの必要性が再認識されている。

日本の農業を持続可能にするには、平野部の農地を大規模農家に集約して生産性を高めることを考えるだけではなく、地方の小規模農業と農家を活性化して維持することも必要なのである。そこで、遠隔地から運ばれてくる野菜や果物を敬遠して、その地域で採れた旬のものを地元で消費しようとするのが「地産地消運動」である。地場の野菜や果物の消費量が増えれば、その地域の農業が活性化して生産が回復することになる。地場の農産物を学校給食で使用する割合は27％に増えていて、東京のスーパーでは地元の朝採り野菜の販売が年々15％ずつ増えているという。地産地消をすれば農産物の遠距離輸送に使う多量の石油燃料を節約することになるから、環境保護にも役立つのである。

地元の新鮮な農水産物を購入したいという消費者は多い。その時によく利用されるのは地域農家が運営する農産物直販所である。そこでは農家が自家用に栽培した野菜の余りや出荷できない規格外れの野菜などを持ち込んで売っている。直販所は全国に２万５０００ヶ所ほどに増え、その総販売金額は年間約１兆円であると推定される。これは全国の農産物販売額の10％になるから少ない金額ではない。ついでながら、平成27年には都市農業振興基本法が施行され、都市環境を良好に保持するのに役立つ都市農業の安定的継続を図ることになった。次第に宅地化されていく市街化区域で農業を続けている農家は14万戸、その農地面積は合計６万ヘクタール、農業産出額は６２００億円である。市街化区域の農地のうち、生産緑地は税法によって30年間農地として維持する義務が課せられているが、最近それを第三者に貸与してもよいことになった。市街化区域内の農地を借りて利用する市民農園は全国に４１００ヶ所ある。これら都市農業はＳＤＧｓの目標11で掲げる「住み続けられるまちづくり」にもつながるのである。

農と食をもう一度地域に取り戻そうとする運動が世界的に行われるようになっている。アメリカ、イギリスでは「地域で支える農業（ＣＳＡ）」、フランスでは「小規模農家を維持する会（ＡＭＡＰ）」、イタリアでは「連帯消費の会（ＧＡＳ）」などがそれである。どの運動も、生産効率より環境負荷や食の安全性、地域活性化を重視する地域流通型農業を維持しようとする市民運動である。その土地の伝統的な農産物や食文化を大切にし、守っていこうとする運動もある。このスローフード運動は１９８６年、イタリアで始まり、世界１５０ヶ国に広まっている。スローフードとはファストフードに対抗するという意味であり、工業化され過ぎた食料生産に対抗するメッセージでもある。フェアトレード運動は、途上国で生産された農産物や手工業品を生産コスト以上のプレミアム価格で購入して支援する運動であり、行き過ぎた食料貿易の効率化に抗議する運動である。ファーマーズ・マーケット運動は、地域の農業者と消費者が街角の市場で顔を見合わせて野菜、果物などを売買することにより、作る人と食べる人の繋がりを取り戻そうとする運動である。近年ではＳＮＳを利用したオンラインマルシェ、オンライン直販所もあり、生産者と消費者との直接販売・購入ルートが広がっている。これら地域コミュニティでの小さな市民活動がやがて、全国、国家レベルでの大きな変化を促すことになるのである。

これからは、農産物を単純に価格が安い、高いだけで購入するのでなく、それを生産する農畜水産業の在り方も視野に入れて購入することが必要になる。地産地消やスロー・フード運動、フェアトレード運動はそうした消費者運動なのである。私たち消費者一人一人が、もっと広い視野で食料需給の現状を理解し、問題意識、目的意識をもって農産物を購入し、食べるようにしなければならない。

わが家の食卓をより安定して持続するために国内の農家と農産物を大切にする姿勢を、私たち、消費者が示すことにより日本の食料事情はずいぶんと明るくなるに違いない。

課題3　有機栽培農業を推進する

地域循環型農業を再生させる中心になるのが有機栽培農業である。世界的に有機農業（オーガニック運動）が注目され始めたのは1990年代からであり、「オーガニック」という言葉は「天然」、「本来」、「地域」を意味する。日本では1997年、平成9年に「環境保全型農業推進憲章」を制定し、次いで平成18年に「有機農業推進法」を制定して「有機農産物認証制度」が発足した。無農薬、無化学肥料で有機栽培した農産物は登録認定機関の検査を受けて、「有機農産物」と表示した有機JASマークを付けて販売できるようになったのである。有機農業推進法で定める有機農業とは、①化学的に合成された肥料や農薬を使わない、②遺伝子組換え技術を利用しない、③農業生産に由来する環境への負荷をできる限り低減する、農業のことである。

完全に無農薬、無化学肥料で行う有機栽培農業は環境や自然の生態系に優しく、資源の投入量も従来の慣行農業より2～3割少ない。有機栽培農業では化学農薬や除草剤を使用しないから田畑の昆虫や小動物にも危害を及ぼさない。日本では、農薬の使用量がヘクタール当たり12kgと欧米の数倍も多く、化学肥料の年間施用量もヘクタール当たり238キログラムと欧米諸国より数割多い。また、堆肥はヘクタール当たり7トンを施用していた頃もあったが、今では1トンに減り土壌中の有機物含量が減っている。有機農業はこうした日本の農業環境を改善するのに適した農業であり、田畑の有機廃棄物を堆肥にして畑に戻して土壌微生物を増やす生命循環・資源循環型農業でもある。特に、地域の小規模農業を再生する取り組みにおいては有機栽培を活用するところが多い。

しかし、化学農薬や化学肥料を全く使わないと病虫害が発生し作物の生育が悪く、収穫量が激減するので農家は有機栽培を敬遠する。我が国の夏は多雨、高温、高湿度なので病虫害が多く、冷涼なヨーロッパに比べると農薬を使わない有機栽培が困難である。堆肥を鋤き込み、雑草を抜きとり、害虫を摘み除くなど、手間が余計にかかるから、小規模な農業でなければ実施できない。米作りであれば、収量が20％減少し、労働時間は50％増加するから、収穫した米は75％も値上げしなくては引き合わない。一般的に言って有機農産物の生産価格は慣行農産物に比べて30～100％高くなる。ところが、そのように高い値段では消費者が買ってくれない。有機農産物が体に安全で環境に優しいことはよく知っているが、いざ、買うとなると農薬が使われていても安く、虫食い跡のない野菜を選ぶのである。また、有機農産物は生産量が少なく大量流通ルートに乗らないので、買いたくても近所のスーパーマーケットには見当たらない。

ＪＡＳ認定を受けて有機農産物を生産している農家は全国で約４０００戸、その作付面積は全国耕地面積の０・５％、２・４万ヘクタール、生産額は約１８５０億円であり、有機ＪＡＳマークを付けた農産物は市販されている農産物の僅か0・25％に過ぎない。しかし、有機認証を受けられる有機栽培ではないが、農薬や化学肥料の使用量を従来の慣行農業に比べて半減した減農薬、減化学肥料栽培ならば、実施している農家は50万戸以上あると推定される。農林水産省は環境保全型農業推進本部を設置し、「農業の持つ物質循環機能を生かし、生産性との調和などに留意しつつ、土作りなどを通じて化学肥料、農薬の使用などによる環境負荷が減少するよう配慮した持続的農業」を推進している。消費者には、有機栽培農産物や減農薬・減化学肥料栽培農産物を積極的に購入することを呼びかけ、食品関連産業には環境保全型農業で生産された農作物の使用、加工、販売に協力することを要請している。

世界的に見ると有機農産物市場は年々拡大していて、2019年の調査では、有機農業を実施している農地は7200万ヘクタール（世界の農耕地15億ヘクタールの5％弱）、農家は300万戸、生産額は1064億ユーロ（14兆円）である。有機農業は代替的な食料生産の方法として最も普及し、かつ商業的にも成功しているのである。EU諸国では有機栽培農業は環境保全、資源循環・生態系保護に役立つという名目で多額の補助金を出して奨励しているので、オーストリア、スウェーデンでは農耕地の20％、イタリア、スイス、デンマークなど16ヶ国では10％を超える農耕地で有機栽培が行われている。これらの国々でも有機農業の生産性は慣行農業にくらべて8～25％低く、有機農産物の価格は2～5割高くなるのであるが、それでも市販されている全農産物の5％を有機農産物が占めている。ＥＣ諸国では消費者の65%が環境に大きな負担を掛けない農産物を求めていて、約15%のプレミアム価格までなら受け入れて購入するという。有機栽培農産物は通常の農産物に比べて今日の価格は高いが、化学肥料や農薬が環境に与える負荷のツケとして将来の消費者が支払うべき代償に比べれば決して高いものではないのである。

日本は有機栽培の実施面積がＯＥＣＤ加盟国の中で最低水準にあるので、農林水産省では２０２１年、持続可能な食料生産システムの構築に向けて「みどりの食料システム戦略」を発表し、２０５０年までに有機農業の面積を全耕地面積の25%、１００万ヘクタールに広げ、慣行農業を含めて化学農薬の使用量を50%、化学肥料の使用量を30%減らすとしているが、このままではとても達成できそうもない。有機栽培や減農薬、減化学肥料栽培のような環境保全

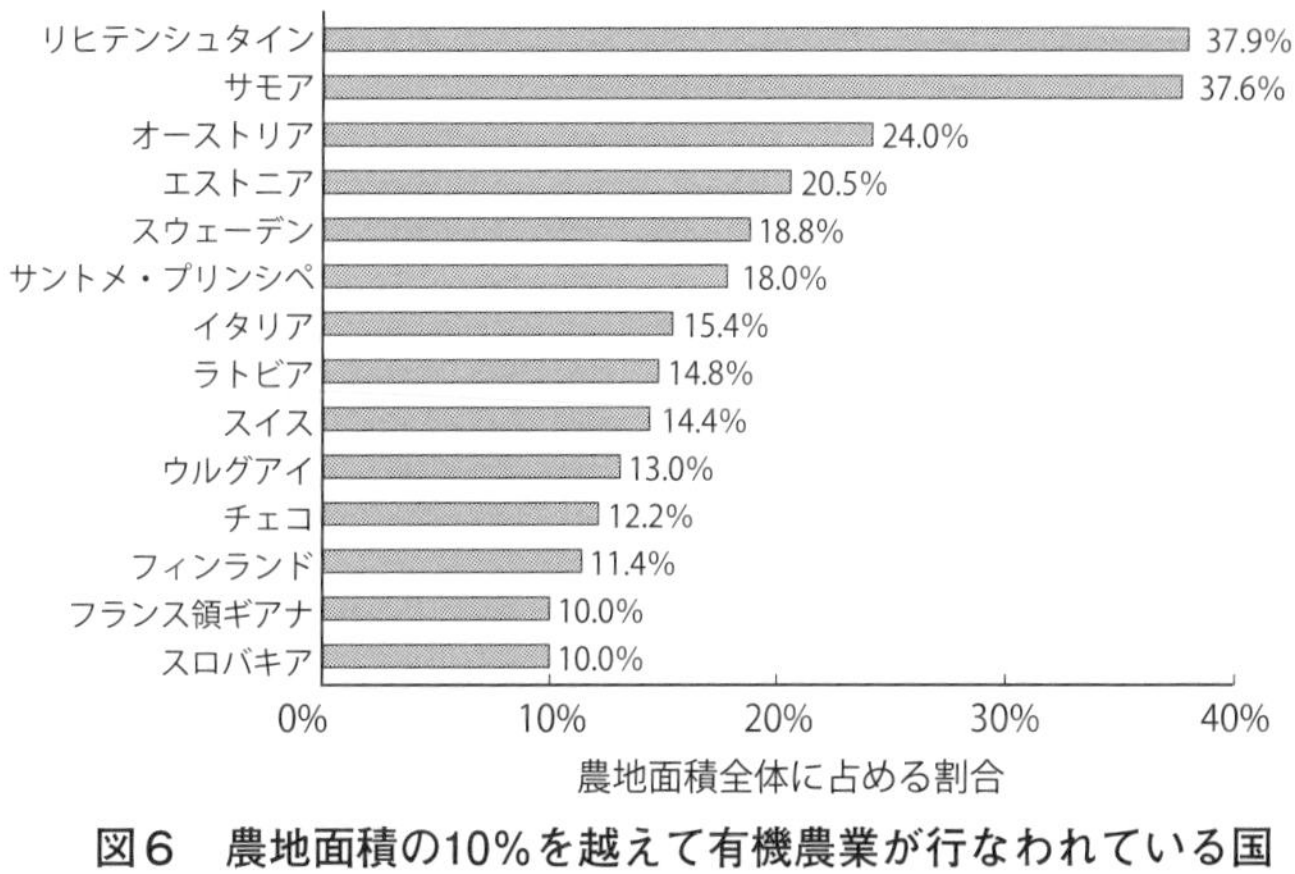

図６　農地面積の10%を越えて有機農業が行なわれている国

出所：FiBL survey, 2019
古沢広祐著「食・農・環境とSDGs」農山漁村文化協会　2020年　p.96

型農業は慣行農業より経済的に不利であるから、それを補ってくれるものがないと普及しにくい。政府、自治体が経済的な支援を行い、消費者が有機農産物を積極的に購入して農家の生産コストの一部を負担することが欠かせない。ところが、我が国においては政府の支援は掛け声だけであり、消費者の購買協力も足りない。

そもそも、我が国の有機農業は昭和40年代、安全な農産物を購入したいという消費者の協同組合運動にその出発点を求めることができる。無農薬、無化学肥料で栽培した野菜や米、牛乳、卵などを共同購入したいという消費者の要求と、それに応えようとする農家との出会いから生まれた「産消提携運動」であった。つまり、有機農業は農家だけで行うものではなく、都会の消費者も協力、支援するものとしてスタートしたのである。しかし、昭和50年代以降になると、環境を汚染せず、自然の生態系に優しい農業を実現するという生産者の主張が先行するようになり、生産者と消費者との協力関係の必要性は忘れられてしまっている。このように、日本の有機農業の現状は理念と現実の乖離が大きく、今後の発展はその生産形態においても、消費形態においても、農家と消費者の協力関係の如何に係っていると言ってよい。

課題4　農業生産における省エネルギー

日本の農業生産には多くの化石燃料が浪費されている。昭和40年ごろまでは野菜や果物は旬の季節に食べるものであったが、平成になった頃からハウス栽培されたトマトやきゅうりなどがいつでも手に入るようになった。消費者が季節に関係なく一年を通して欲しがるためではあるが、そのために石油エネルギーが多量に消費されていることを知っている人は少ない。

農業生産に使用される全投入エネルギー（農業機械に使う燃料など直接エネルギーだけでなく、化学肥料や農業設備などの製造に使用した間接エネルギーとの合計であり、ライフサイクルエネルギーともいう）は、昭和35年ごろに比べると3倍ぐらいに増えていて68兆キロカロリーにもなっているが、その7割はトラクター、ハウス暖房などに使われる燃料エネルギーである。

昔のように太陽と雨、風に頼る自然農業であれば、栽培に使うエネルギーは収穫される作物の食品エネルギー（カロリー）より少ないのが普通であった。ところが現代のように化学肥料や農薬を多く使い、機械化し、さらにハウス栽培をするようになると、より多くの化石エネルギーが使われて収穫される農作物の食品エネルギーより多くなる。例えば、稲作についてエネルギー効率を計算してみると、使用した燃料と化学肥料、農業機械の製造に投入されたエネルギーを合計した全投入エネルギーを100とすると、収穫できる米の食品エネルギーは38に過ぎない。ことに、野菜をハウス栽培すると多くの石油エネルギーが必要になる。きゅうりを畑で栽培すれば、1本、100グラムを収穫するのに100キロカロリーのエネルギーで済む。ところが、加温ハウスで栽培をすると、暖房に多くの燃料エネルギーを使うから500キロカロリーが必要になる。1本のきゅうりを生産するのに62ミリリットルの灯油を使い、155グラムの二酸化炭素を排出したことになる。トマト、きゅうり、ピーマンなどは約60％がハウス栽培で供給されている。苺は90％がハウス栽培である。真冬に温室でトマト1個を収穫するには2400キロカロリーの灯油、つまり300ミリリットルの灯油が使われる。これでは、トマトを食べるのではなくて灯油を飲んでいるようなものである。省エネルギー、地球温暖化防止のためにも、まず真冬に苺やトマトを食べることを我慢しようではないか。

二酸化炭素を1単位排出するごとに、経済成長の指標となる国内総生産（GDP）をどれだけ生み出したのかを示す「炭素生産性」を比較すると、日本の農業はその生産性が低い。日本の農業は年間で石油に換算して680万トンものエネルギーを消費しているから、農産物の生産金額あたりで比較すると大規模な機械化が進んでいるアメリカ農業の5倍の石油を消費する「農業エネルギー消費の世界ワースト3」である。かつては地場で採れる旬の農産物を購入していたが、今では季節や産地に関係なく、その時に欲しいと思う農産物を選んで購入している。そのため、エネルギー消費の大きい施設栽培や長距離輸送あるいは海外からの農産物輸入を増やすことになり、それと共に環境負荷が大きくなっているのである。

化石燃料を多量に浪費しているのは農業だけではない。肉牛や高級魚の養殖にも多量のエネルギーが使われる。牛肉1キログラムを生産するには11キログラムの飼料穀物が必要である。牛肉1キログラムの食品カロリーは2860キロカロリーであるが、それを生産するには1万0700キロカロリーの飼料エネルギーが使われる。ぶり、1キログラムを海で漁獲するのであれば、漁船の燃料が3481キロカロリー、漁船、漁網などを製造するのに使ったエネルギーが1239キロカロリー、合計して4720キロカロリーあればよい。しかし、養殖であると8キログラムの餌イワシや養殖施設で使用する電力などが必要になるので、3万5300キロカロリーのエネルギーが必要になる。

養殖魚が増えたのは漁業資源の保護のためでもあるが、なによりも消費者がおいしい高級魚を安値で求めるからである。鰻は97%が養殖、真鯛は82%、ぶりは66%、ふぐも52%が養殖になった。世界的にみても同様であり、2018年度の世界の漁獲高は9200万トンであるが、養殖によるものは1億1000万トンであり、世界の人々が食べている魚の半分以上が養殖で賄われている。冬のトマト、霜降り牛肉、鰻の蒲焼、鯛の塩焼きなど、今日では贅沢とは思わずに食べているが、そのために多量の石油エネルギーが使われて世界のエネルギー問題や地球環境に悪影響を及ぼしているのである。

外界と遮断した特別の施設の中で、天候や気温に関係なく、人工光と室温、二酸化炭素濃度、水分、養分などをデジタルにモニタリング管理して清浄野菜を水耕栽培する植物工場が増えている。害虫が侵入しないので無農薬で周年栽培ができるから、外食産業向きに清浄葉菜類を安定供給できる。栽培環境や収穫物の形質などを人為的にコントロールするという意味では、植物工場での野菜栽培は農業というよりは工業に近く、消費電力は露地栽培に比べて格段に多くなる。省エネルギーという意味で注目されているのは、人工光を利用するのではなく、太陽光エネルギーを作物の光合成に利用するだけでなく、暖房のための熱源にも最大限に利用する大規模施設（太陽光利用型植物工場、栽培面積1ha以上）が実用化されつつある。高度な環境制御技術とＩＣＴ・自動化・機械化などの最先端工業技術を活用したセミクローズド温室である。

日本では国内で生産できる食料だけでは足りないので、多量の食料を海外から輸入しているから、その長距離輸送に使う石油燃料が莫大な量になる。海外から日本に輸入する食料の重量、５８００万トンにその輸送距離を掛け合わせて集計した「フードマイレージ」は５０００億トン・キロメートルになる。アメリカは食料が国内で自給できるので海外からの輸入は少なく、フードマイレージは日本の3分の1で済む。フードマイレージが大きいということは、食料の調達に化石燃料エネルギーを多く使っていることを意味する。国民一人当たりで較べてみると、日本はアメリカの8倍もの化石燃料を使って食料を調達しているのである。海外からの食料輸入には航空機、船舶、トラックなどを状況に応じて使うので、消費する石油燃料を正確に計算するのは難しいが、少なく見積もれば年間で６００万トン、多めにみると３０００万トンであると推計できる。食料がすべて国産であれば、この半分で済む。国内には大量のトウモロコシや小麦を生産する広大な耕地がないから、それらを輸入するのは止むを得ないが、国内で十分に生産できる野菜や果物を輸入するのは止めたほうがよい。安価な中国産野菜の輸入が増えて、国内の野菜生産量は昭和55年をピークにして５００万トンも減少し、自給率は80％に低下している。

世界的にみると食料の生産から加工、流通、消費に至るフードシステムが排出する二酸化炭素は社会全体の総排出量の21~37%を占める。日本エネルギー経済研究所が1990年に調査した結果によると、わが国で食料の生産から加工、流通に至るまでに消費するエネルギー量は425兆キロカロリーであった。これは、日本で消費される一次総エネルギーの13%に相当する。農産物の生産と加工、輸送に消費するエネルギーを削減して、二酸化炭素の排出を減らして地球温暖化防止に協力することは、日本農業の持続可能化に向けた重要な課題になる。農林水産省は2021年度から「みどりの食料システム戦略」に基づき、2050年までに農水産業の二酸化炭素排出ゼロを達成するべく、食料の生産、加工、流通、消費を含めたフードシステム全体について環境負荷を大幅に低減させることを計画している。

第8章　豊かな食生活を持続可能にする取り組み

我が国において、誰でも、いつでも、どこでも食べたいものを、大きな経済的負担をすることなく手軽に食べることができる「豊かで便利な食生活」が実現したのは20世紀半ばのことである。毎日の献立が和風、洋風、中華風と日替わりで変わる日本の家庭料理は世界に類を見ないほど多彩で豊かになった。住民2700世帯に1店舗がある食品スーパーは家庭の冷蔵庫代わり、930世帯に1店舗がある街角のコンビニは独身者や高齢者の食卓代わりに利用されている。便利な加工食品、冷凍食品が数多く開発され、調理済み食品、持ち帰り総菜なども多くなり、120世帯に1店舗に増えた外食店も手軽に利用できるので、日常の食事を三度に一度は全く調理をしないで摂ることができる。

しかし、それから半世紀も経たぬうちに、人々はその豊かで便利な食生活に慣れて、いつの間にか必要以上に食べる飽食になり、中高年者には肥満者が多くなり、それが引き起こす生活習慣病に悩まされている。昭和40年代には農産物に残留する農薬、加工食品に添加された人工の食品添加物が深刻な食品公害を引き起こしたが、これら化学物質の危険性も十分には解消されていない。食料の無駄な廃棄が2倍に増えて供給食料の2割に達したことも問題である。

今でも、南アフリカの貧しい国々には8億人が飢えていて、国内でも一部の貧困世帯の子供たちは満足なものを食べさせてもらっていない。それなのに、大多数の日本人は有り余る食料を食べ残し、使い残して大量に捨てている。近い将来に世界的な食料危機が訪れてくれれば、このような食生活は続けることができなくなると考えている人は少ない。社会の経済状況が低迷し始めた平成の時代には、年収185万円に満たない非正規雇用労働者という新しい貧困階層が生まれた。経済格差が社会全般に広がり、相対的貧困者が2000万人に増えていて、230万人が満足に食べられずにいることを忘れてはならない。経済的な理由で1日1食しか食べられない母子家庭や高齢者が大勢いるのである。社会全体では食べ物は余っているのに、それを貧困者に届ける社会制度が整えられていない。

このように表面的には豊かに見える現在の食生活の裏では、このまま見過ごしにできない心配なことが起きているのである。近い将来、世界規模の食料不足が起きることは避けられそうもないが、そうなったら食料が自給できず、大半の食料を海外農産物に頼っている日本人は飢餓状態になりかねない。農林水産省の予想によれば、食料が海外から全く輸入できなくなった場合、国内農地500万ヘクタールだけでは一人当たり1日1760キロカロリーの食料しか供給できないのである。

課題1　食料の無駄な廃棄を少なくする

豊かな食生活を少しでも長く持続するために、手っ取り早く実行できる有効な取り組みは、食料、食品を無駄に捨てることを減らすことである。食べるものが有り余るほど豊かになったので、私たちは食べ物の大切さを忘れて食べるものを惜しげもなく使い残し、食べ残して無駄に捨てるようになった。環境省と農林水産省の調査資料を纏めてみると、２０１６年度において食用に使用された８０８８万トンの食料の34％に当たる２７５９万トンが、食べられずに廃棄されているのである。この中には食べようとしても食べられない魚の骨や野菜の皮、調理屑、腐敗したものなど「食べられない不可食部」が含まれているので、それを除くと「食べられるのに無駄に捨てられた食料」は約１６００万トン、食用に供給された食料の約20％になると推定される。最近の半世紀で消費者の食行動やライフスタイルが変って食料の無駄な廃棄が2倍にも増えたのである。食料を無駄に捨てるということは、その食料の栽培や加工、冷蔵、輸送などに使われた資源とエネルギー、労働力などをすべて無駄にすることだと考えなければならない。

食料の無駄な廃棄が2割もあると聞いて驚く人は多いだろうが、驚くのはまだ早い。食品事業所や家庭の台所から出る生ごみ、２２００万トンの3割が、売れ残り、使い残し、食べ残しなど「食べられるのに捨てられた食品」なのである。農林水産省が２０１６年に調査したところ、まだ食べられるのに捨てられているこれらの「食品ロス」は事業所で３５２万トン、家庭で２９１万トン、合計６４

3万トンであった。国民一人当たり、年間52キログラムの食品がまだ食べられるのに捨てられているのである。

これらの食料はどこで捨てられているのであろうか。農業の現場では出荷規格に合わないとか、見栄えが悪いなどの理由で収穫物の3分の1近くが畑に残されることがある。食品メーカーや販売店では売れ残り廃棄、家庭では使い残し、賞味期限切れ、食べ残しが多く、外食店でも食べ残しが多く、合わせて3割近くが廃棄される。終戦後の食料難を経験した高齢者は食料を使い残したり、食べ残したりはしない。ところが食べ物があり余っている時代に育った若者たちは平気で食べ残し、使い残して捨てるのである。

加工食品の消費期限、賞味期限とはその食品の品質が良好な状態に保たれていて、おいしく食べられる期間のことである。賞味期限は長いものなら3カ月以上もあり、それも2～3割のゆとりを持たせて短く表示してあるから、期限が少しぐらい過ぎていても安心して食べられるのである。安売りにつられて買い過ぎて、使いきれずに捨てたり、買ってあることを忘れているうちに賞味期限が過ぎて捨てることが多い。買いすぎない、作り過ぎない、余れば冷凍して保存する、食べ残さないなど、どれもすぐに実行できることなのであるが、これができていないのが問題なのである。食品ロスの45％は一般家庭で発生している。

製造日から賞味期限までの期間を製造、流通、販売に3分割し、それぞれの段階での販売期間は賞味期限の3分の1しかないという通称「3分の1ルール」という食品業界の慣習は、食品の製造・流通・販売段階での売り残し商品の大量廃棄の原因になっている。食品メーカーや小売店舗では販売機会を失うことを嫌って想定される需要を上回る商品を製造、展示することが一般的になっていて、それが販売期限切れの大量廃棄を発生させているのである。

スーパーやコンビニでの売れ残り食品の廃棄については別の問題がある。消費者は食品を購入する際に鮮度にこだわり、製造年月日が新しいもの、賞味期限にゆとりがあるものを選ぶ傾向がある。だから、スーパーなど小売店では賞味期限ぎりぎりまで棚に置いておかないで店頭から撤去して廃棄する。スーパーで販売している弁当や総菜は細菌数が100万個に増殖する時間の少し手前を消費期限とし、それを過ぎれば廃棄している。1時間や2時間過ぎたものなら食べても安全なのであるが、万に一つでも食中毒が起これば チェーン店全店の信用が失われるから廃棄するのである。ある大手のコンビニチエーンでは加盟店一か月平均で60万円の食品を廃棄しているという。

これら無駄に廃棄される食品を活用しようとする市民活動がある。まだ十分に食べられるにもかかわらず、出荷期限が切れた、賞味期限が接近している、包装に傷があるなどの理由で廃棄されようとしている食品をメーカーや販売店から引き取り、それを必要としている人々や組織に無償で届ける「フードバンク活動」は1967年、アメリカで始まり、いまでは世界40ヶ国以上に広まっている。日本では2000年に始まり、全国で151団体が活動している。家庭で余っている食品を持ち寄り、集めて地域の貧しい人々や母子家庭支援施設などに持ち帰ってもらう「フードドライブ活動」もある。一年に数回、地域の商店街やイベント会場などで実施されている。

世界的に食料の廃棄量を減らそうという運動が起きるきっかけになったのは、２０１１年に国連の食糧農業機関（ＦＡＯ）が世界の食料供給量60億トンの約3割に相当する16億トンの食料が無駄に廃棄されているという衝撃的な報告をしたことである。その内訳を人口一人当たりでみると先進国が途上国より無駄にしている食料が多い。先進国では食品の加工、販売、消費段階の廃棄が多いが、途上国では農産物の収穫や貯蔵・輸送段階での廃棄が多い。国連の世界食糧計画（ＷＦＰ）の公式サイトによれば、食品廃棄は生産に使われた土地や水、労力、資材がすべて無駄になり、廃棄処理に伴い温室効果ガスが発生し、農業に打撃を与えるという悪循環が起きる。食品廃棄に伴う世界全体の経済的損失は年間７５００億ドル（97・5兆円）であり、食品廃棄がこのまま続けば飢餓が途上国から先進国に広がりかねない、と警告している。

国連では２０１５年に採択した持続可能な開発目標（ＳＤＧｓ）において、２０３０年までに世界中で食料の無駄な廃棄を半減させるという目標を掲げている。我が国では２０１９年から食品ロス削減法を施行し、２０３０年までに事業所系の食品ロスを２０００年比で半減するよう自治体ごとに削減目標値を決めて取り組んでいる。その結果、２０１６年度に６４３万トンであった食品ロスは事業系、家庭系共に1割ほど減少して２０１９年度には合計５７０万トンに減少した。食料の無駄な廃棄を減らして有効利用することで将来の食料不足を緩和できる可能性がある。我が国においても、現在、20％にまで増えている食料廃棄量を10％に減らすことができれば、食料自給率は37％から42％に戻ると計算できる。

食品ロスを含めた食料廃棄物を完全になくすることは難しいから、発生してしまった食料廃棄物を可能な限り何らかの形で有効活用することも考えなければならない。そこで、２００１年、食品関連事業所から発生する食品廃棄物を対象にして食品リサイクル法（食品循環資源の再生利用等の促進に関する法律）が制定され、食品製造業、流通業、外食産業には排出する食品廃棄物の20％をリサイクルする義務が負わされた。２０１２年の調査によると、これら事業者から発生した食品廃棄物は年間８１８万トン、そのうち再生利用されたのは３６３トン、再生利用率は44％である。一方、家庭から出た食品廃棄物（生ごみ）は８８５万トン、再生利用されたのは55万トン、利用率は６％であった。一般家庭から出る食品廃棄物は分別収集してリサイクルすることが難しく、大部分は焼却、埋め立て処分されている。

食品廃棄物を再生利用する一般的な方法は堆肥化して農地に戻すことである。また、乾燥する、サイレージ化する、あるいは液状にして家畜の飼料にすることも行われている。食品廃棄物は水分が多いため燃えにくく、燃焼させてエネルギーを回収することは効率が悪く、それよりも嫌気発酵させてメタンガスを回収するか、あるいはバイオアルコール製造の原料にするのが有効である。

課題2　食品包装材の省資源化

国連が推進している持続可能な開発目標（ＳＤＧｓ）においては、持続可能な生産・消費形態の確保のために「天然資源の利用と廃棄を最小限に抑える」ことが目標設定されている。我が国ではスーパーでのパック販売、自動販売機での飲料販売、過剰包装のギフト商品などが増加して、使い捨てられた食品、飲料用の容器、包装パック、トレーなどが家庭ごみの3分の1の容積を占めている。特に、酒、飲料用のガラス瓶、金属缶、ペットボトルは年間１５００億個にもなる。産業用に使用される段ボール、年間81万平方メートルのうち55％は青果物や加工食品の包装ケースとして使用されている。

そこで１９９５年に容器包装リサイクル法が制定され、ガラス瓶、金属缶。ペットボトル、段ボールなどの回収は市町村が行い、再商品化の経費は事業者が負担することになった。ガラス瓶、金属缶のリサイクル率は現在80％程度、ペットボトルは85％である。２０００年に循環型社会形成基本法が設定され、リデュース、リユース、リサイクルの３Ｒの考え方が導入されると、資源ごみの総排出量は減少し始め、資源化されるごみの比率は平均して20％に達しているが、ドイツの47％、オーストラリアの45％と比べるとまだまだ低い。

最近になって国際的に問題視されているのは、海洋に大量に投棄された廃プラスチックが破砕されてマイクロプラスチックとなり海の生態系を汚染していることである。世界規模でみると、リユースやリサイクルされない廃プラスチックの内で年間８００万トンは海洋に投棄されている。因みに、日本から海洋に流出するプラスチックごみは2万トンから6万トンであると推定されている。海洋に流出したプラスチックごみは海流に乗って漂着と再流出を繰り返すうちに次第に破砕されて大きさが5ミリ以下の微細片（マイクロプラスチック）になる。問題はこの小さなマイクロプラスチックとそれに付着している有害化学物質が鯨や魚類、貝類、海鳥、動物性プランクトンの体内に取り込まれることである。

わが国で廃棄されるプラスチック製の容器や包装材は年間約900万トンであり、このうち家庭で使い捨てにされているペットボトル、レジ袋、包装容器などは約418万トンと推定されている。日本は一人当たりの使い捨てプラスッチクごみが世界でアメリカに次いで2番目に多いのである。そこで、2019年に政府が策定したプラスチック資源循環戦略では、2030年までに「使い捨てにするプラスチック製品の排出を25％抑制する」、「プラスチックの再生利用を倍増させる」、「バイオマスを原料にした生分解性プラスチックを200万トン使用する」目標を掲げ、レジ袋の有料化、プラスチック製ストローや皿などの使用自粛を呼びかけている。使い捨て容器、過剰な包装などを抜本的に減らすには今日の大量販売、大量消費の食品流通形態を変えねばならないが、私たち消費者もスーパーでレジ袋を求めず、過剰な包装を敬遠して、省資源と環境汚染の防止を心掛けたい。

課題3　肥満を抑制して生活習慣病を防がねばならない

私たちはこれまでの人たちが願っても叶えられなかったような豊かで便利な食生活をしているが、食べ物が有り余るほどあることに甘えることなく、食べ物を大切にして無駄なく食べることを心掛けなければならない。食べ物を大切にして無駄なく食べることについて、まず考えるべきことは生理的に必要とする以上に食べることを慎むことである。食べ物が有り余るほどあることをよいことにして、必要以上に過食、飽食して自らの健康を損なうことがあっては、これも食料の隠れた無駄使いになると言わねばならない。

日本人の栄養状態が一番よかったのは昭和60年頃である。戦後、我が国では米食中心、つまり澱粉質を多く食べる食生活から脱却して、肉類や乳製品など動物性食品を多く摂る欧米型の食生活をするようになった。その結果、昭和60年ごろにはたんぱく質、脂肪、糖質の摂取が理想的な量とバランスになり、国民の体位が向上し、平均寿命が延びて世界のトップクラスになった。ところがそれ以降、食べ過ぎて肥満体になる人が増えてきた。特に中高年者の肥満が急激に増加して、生活習慣病が蔓延してきたのである。肥満者の割合は40年前、昭和の時代に比べると、50歳以上の男性なら倍増している。

肥満になる主な原因はきわめて単純で、食物カロリーの摂取量が消費量より多すぎるからである。人類は誕生以来400万年、絶えず食料不足に悩まされてきたから、人体の栄養代謝機能は飢えに耐えられるようにできている。食べられるときに余分に食べて体内に脂肪を蓄えておいて、飢餓になったときにそれを分解して使うのである。人類を飢えから守り、ここまで生き残ることを可能にしたこの仕組みが、過食、飽食をする現代には適応できず、肥満を引き起こしているのである。中高年者は基礎代謝量が若い頃に較べて低下しているにもかかわらず、それに合わせて食事の量を減らしていないから過食になりやすい。昭和60年には日本の全人口の10%に過ぎなかった65歳以上の高齢者人口が、現在では27%に増えている。中高年者は壮年者に較べて基礎代謝量が少なくなり、運動量も減っているから、毎日の食事の量を若いころより2割ほど減らさなければ食べ過ぎになる。座って仕事をしていることが多い50~69歳の男性であれば1日に必要なエネルギーは２０５０キロカロリーであるのに、平均して２２００キロカロリーも食べているから肥満になる。女性も50歳以上になると同様に食べ過ぎて肥満になっている。ライオンは空腹でなければ、獲物が目の前を通り過ぎても襲うことはない。人間は空腹でもないのに食べるから、肥満が増えて生活習慣病を誘発するのである。

食物として摂取したエネルギーが身体で消費するエネルギーを上回る状態が長く続くと、過剰になったエネルギーが脂肪に変わって皮下組織や内臓周辺に蓄積され、体重が増え肥満になる。平成27年の国民栄養調査によると、男性は30歳代から60歳代まで3人に１人が肥満、女性は50歳代から70歳代で4人に１人が肥満である。40年前までは男性の肥満者は5人に１人もいなかったのであるから、それ以来、肥満になる人が著しく増加しているのである。

肥満はすべての生活習慣病のきっかけになる。食べ過ぎて過剰になった食物エネルギーは脂肪に変えられて皮下組織や内臓周辺の脂肪細胞、特に内臓周辺の脂肪細胞に多く蓄積される。内臓周辺の脂肪細胞は余剰の脂肪を蓄積するだけではなく、インスリン抵抗性を生じるＴＮＦ，血圧を調整するアンギオテンシノーゲン、血栓形成を促進するＰＡＩ－１などの生理活性物質を分泌するから、内臓脂肪が蓄積した状態が長く続くと数多くの生活習慣病が誘発される。生活習慣病は個々に独立した病患のように見えるが、実は過剰栄養によって内臓周辺に脂肪が蓄積した内臓肥満から誘発され、お互いに関連して進行する「内臓脂肪症候群」（メタボリックシンドローム）なのである。これを予防するには、適量の食事と運動をすることによりＢＭＩ（肥満度＝体重kg÷身長ｍの２乗）が22前後になるように体重をコントロールしなくてはならない。

　適量の食事とは成長、活動、身体の消耗回復に必要なエネルギーや栄養素を満たし、それを超えないように食べることであり、それが健康に良い体重を維持し、肥満に伴う

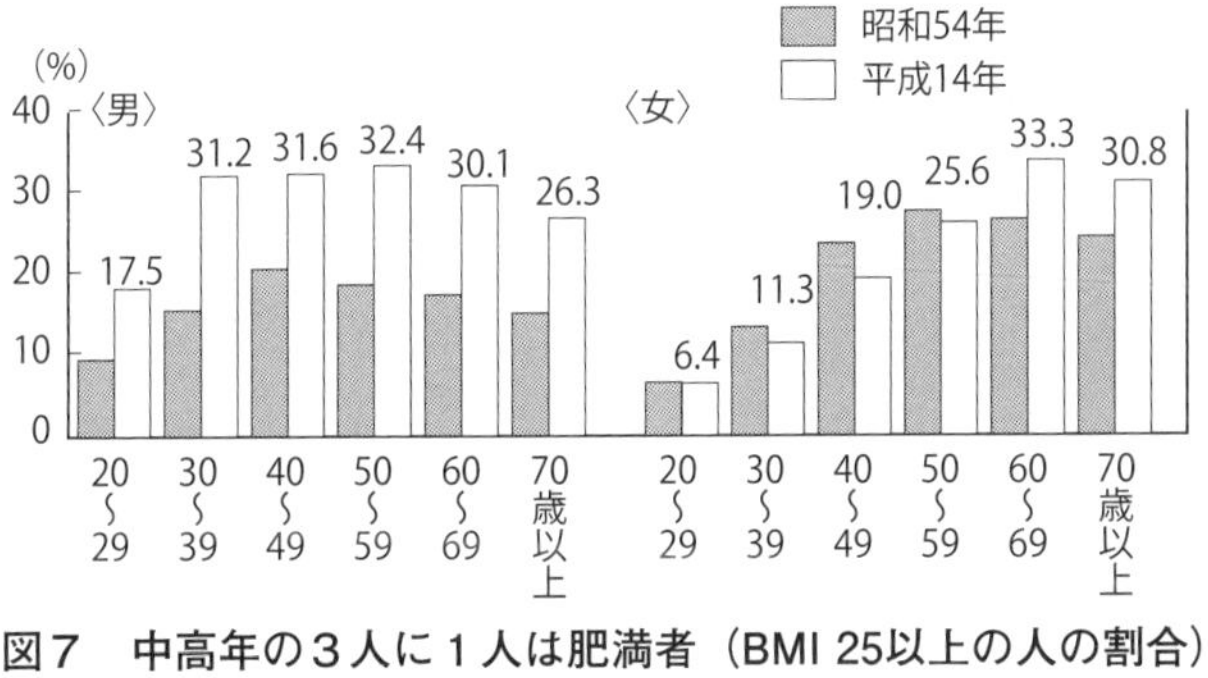

図7　中高年の３人に１人は肥満者（BMI 25以上の人の割合）

注：平成14年の女性の数値は妊婦を除外している。
出所：厚生労働省「国民健康・栄養の現状」による。
橋本直樹著「飽食と崩食の社会学」筑波書房　2020年　p.121

健康リスクを回避することに繋がるのである。また、必要以上に食べないことで、限りのある食料を節約することにもなるのである。過食、飽食は数値に現れない食料の無駄遣いでもある。

平成18年の国民健康栄養調査によれば、50〜69歳の男女は60〜80%が境界型を含めた高血圧、15〜30%が高脂血症、20〜35%が糖尿病である。高血圧症の患者は4000万人、糖尿病患者は予備軍を含めて1900万人、骨粗鬆症の患者は1000万人といわれている。これらの疾患に重複して罹っている人も多く、生活習慣病患者は人口の3分の1、約4000万人に達している。メタボリックシンドローム（内臓脂肪症候群）と診断される人は、40歳以上で男性は4人に1人、女性は8人に1人、男女合計で1000万人、予備軍を合わすと1400万人と推定されている。メタボ肥満は生活習慣病の前段階であるから早期に解消しなければならない。生活習慣病に繋がる過体重や肥満は先進国だけでなく途上国でも増えている。栄養不足あるいは栄養過多になり不健康な生活をしている人は世界に30億人もいるのである。

肥満と生活習慣病の蔓延は、腹八分目に食べて健康に過ごすことを忘れ、欲しいだけ食べることから始まったのであり、それは食料の隠れた無駄遣いであるばかりでなく、国民医療費や介護費を増大させて国家の財政を圧迫している。肥満と生活習慣病の解消は平成という飽食社会が生んだ大きな社会課題であり、持続可能な食生活を実現するために解決しなければならない課題でもある。

第9章　農と食の分野における環境対策

1　農畜産業による温室効果ガスの排出

循環型社会への移行に備えて、食料の生産とその消費に関して環境保全対策を講じることが強く要請されている。現代の農業は、森林を伐採して耕地を広げ、化学農薬や化学肥料を多用して環境を汚染し、自然界の物質循環を分断し、特定の作物の栽培に特化して生物多様性を損なっている。農水畜産業から人為的に排出される温室効果ガスは、世界全体の人為的な温室効果ガス排出量の10～24％を占めるのである。

1ヘクタールの耕地には、44億キロカロリーの太陽光エネルギーが降り注ぎ、3000～4000トンの水が蒸散する。そこで栽培される稲や小麦は年間1ヘクタール当たり4トンの種実を稔らせるのに昼間20トンの二酸化炭素を吸収して光合成を行い、14トンの酸素を放出する。夜間には酸素4トンを吸収して呼吸し、二酸化炭素5トンを放出するので、差し引き1ヘクタールの耕地当たり年間15トンの二酸化炭素を吸収して10トンの酸素を放出することになる。耕地拡大のために伐採されて減少が著しい熱帯林による二酸化炭素の吸収量は地球上の植物全体が行う吸収量の約60％に相当し、農作物による二酸化炭素の吸収は植物全体による吸収量の10％を占める。

　日本の農業政策においてはこれまで農業が果たす環境保全機能が強調され、農業が環境に及ぼす悪影響については注意が払われてこなかった。日本の農畜産業から排出される温室効果ガスは、２０１７年度において二酸化炭素換算で年間５１５４万トンであり、この内で、湛水水田における有機物の嫌気発酵、牛や羊の反芻に伴う牧草の嫌気分解、排泄物の嫌気発酵などにより排出されるメタンガスは二酸化炭素の温室

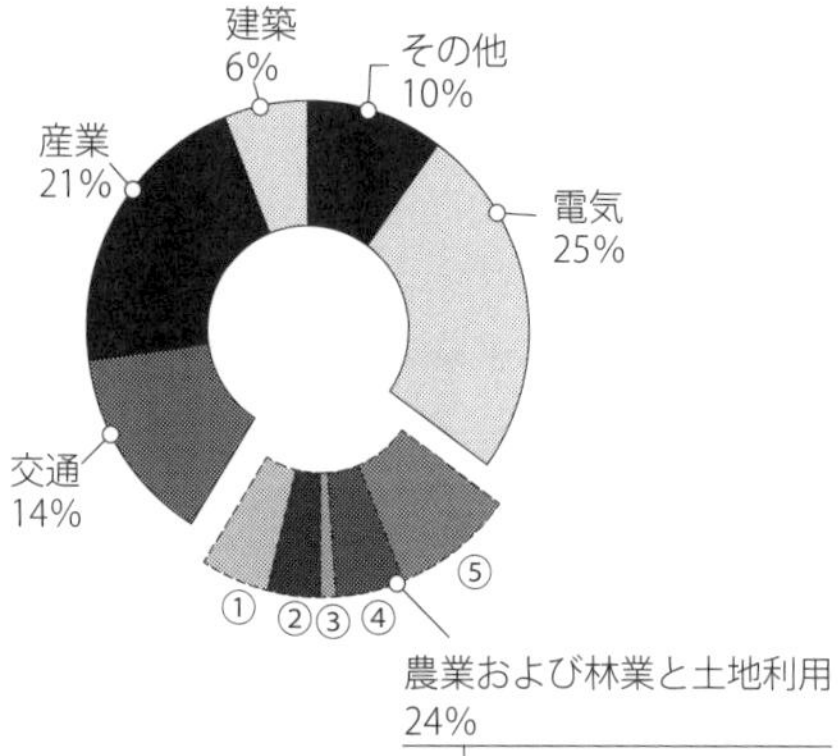

農業	10%	林業と土地利用	14%
①メタン：家畜	5%	④土地利用の変更、利用	5%
②亜酸化窒素肥料と有機肥料	4%	⑤その他の食料、農業、土地利用	9%
③メタン：水田	1%		

図８　部門別の世界の温室効果ガス排出量

出所：ジェシカ・ファンゾ著、国井修、手島裕子訳「食卓から地球を変える」
日本評論社　2022年　p.50

効果に換算して約２０００万トンである。

機械化され、施設化された農業は多量の石油燃料を消費するから、大量の二酸化炭素を放出して地球温暖化を加速化させている。日本の農業は農産物の生産価格あたりでみると、エネルギー消費量が多く、農業エネルギー消費の世界ワースト3であり、二酸化炭素排出量当たりのＧＤＰ生産性（炭素生産性）が低い。農水省では２００７年より環境保全型農業直接支払制度を実施して、有機農業、堆肥の施用、半自然草地の育成などにより温室効果ガスの排出削減に努めているが、削減量は年間14万トンに留まっている。１９８０年度資料であるが、食料の生産に伴って排出される二酸化炭素量は、製品出荷額１００万円当たり農産物で１～１・５トン、畜産物で１・５トン、魚介類で３～９トン、食品加工で３トンと推定されていて、現行の削減努力では２０５０年度までに排出量は13％しか減少しないと予想される。つまり、他の産業に比べて環境対策が大きく出遅れているのである。

農業による地球温暖化をどのようにして削減すかという課題は、どの作物をどこで、どのようにして栽培すれば温室効果ガスの排出を少なくできるかを考えることである。これは農業技術上の問題であるだけでなく、環境にやさしい農産物を選択し購入するかどうかという消費行動と連動した課題になるのであり、その実例として、消費者の我儘な購買行動が野菜のハウス栽培を拡大させて化石燃料を浪費していることなどを第7章にて紹介した。戦後の食料増産のために多量に使用してきた化学農薬、化学肥料による環境汚染、生物生態系の損傷については次に述べる。

2 農畜産業と生物多様性

自然の生態系に割り込んで特定の作物を集中的に栽培している現代の農業にとって、生物多様性の保護・維持に配慮することが当然の責務になってきた。生物多様性には三つの側面がある。一つは森林、里山、河川、湿原、干潟やサンゴ礁など生物が生息する自然環境の多様性であり、二つ目は動植物から微生物などに至る生物種の多様性であり、三つ目は、同じ生物種であっても遺伝子の違いにより形態や生態などが異なる遺伝子の多様性である。

農業とは自然の複雑な生態系を崩して人間が利用しやすい単純な生態系に置き換える産業であり、自然の生態系にとって農業は破壊的であると考えなければならない。特に、特定の作物やその特定品種を選んで集約的に単一栽培する現代のモノカルチャー農業は、作物の多様性を失って病虫害の発生や気候変動によって壊滅的な被害を受ける。例えば、わずか15種類の作物を選んで栽培して世界の食料エネルギー生産量の90％を賄い、わずか5種類の家畜に頼って世界の食肉需要の95％を生産しているからである。我が国の例であれば、栽培されている稲の品種は明治時代の4000品種から現在の200品種程度に減少し、しかも、そのうちコシヒカリ系統の5品種が全国水田の3分の2を超える面積で栽培されている。野菜でも栽培性が良く、収穫量が多いF_1品種を選んで栽培するから、かつて地方で栽培されていた伝統的な野菜などは姿を消してしまった。苺やりんごでは消費者が甘味の強いものを要求するから、酸味の強い品種は淘汰されてしまった。

農作物生態系の相補性がよく発揮されている例がメソアメリカで行われているトウモロコシと豆、カボチャの混合栽培である。トウモロコシは背高く伸びて日を浴び光合成を効率よく行い、豆はトウモロコシの茎を伝って茂り多くの子実を実らせ、根部で窒素固定を行ってトウモロコシの成長を促す。カボチャは地表近くで育ち、広い葉で畑を覆って乾燥を防ぐのである。栄養面からみれば、トウモロコシは炭水化物とたんぱく質、豆はたんぱく質と油脂、カボチャはビタミンと食物繊維の良い補給源になる。特定の状況下を選べば、このように多様な作物を栽培する農業は単一作物を栽培するモノカルチャー農業より20～60％多い収量を得ることができるという。さらに、多様な作物が年間を通じて入手しやすくなるのである。

生物多様性を破壊する直接的な事例が農耕地にするための森林伐採と農薬、除草剤の使用である。一説によれば、過去半世紀の間に地球の森林面積は約半分に激減したと言われている。かつて、東南アジアの熱帯雨林地域、アフリカやインドのサバンナ地域には昔から行われてきた焼き畑農業という農耕様式があった。まず森林を伐採し、草を刈って焼却して、その跡地を開墾して作物を栽培する。多くは1、2年耕作すると地力が消耗するので他の場所に移り、焼き畑跡地は10～15年放置して自然の再生に委ねるのである。そして林が復活したら戻ってきて次の焼き畑を行う。かつて焼き畑が行われていた面積は全世界の利用可能な陸地面積の25％にも広がっていた。焼き畑は近年の森林破壊の元凶と見られているが、一定期間、耕作を続けた跡地は森林の再生を待って繰り返し利用するのだから、再生循環型農業であると言えなくもない。しかし、近年、大規模農業の耕地にするためにアマゾンの森林が次々に伐採され、それと共にそこに生息していた動物たちも消えてゆくのは見過ごしにすることができない。

加工食品の原料に使うパーム油を採取するアブラヤシを栽培するために、インドネシア・スマトラ島では過去30年で森林面積の50％以上に相当する自然林が失われた。日本に輸出するエビの養殖池にするために、東南アジア諸国で海岸沿いのマングローブ林が広範囲に失われたことはよく知られている。2000年代の始めごろからは、ミツバチやその仲間の減少が世界の農業生産に大きな影響を及ぼしている。減少の原因はミツバチにつくヘギイタダニの蔓延、ネオニコチノイド系農薬の多用、生息環境の変化などである。世界の主要農作物の約75％がハチにより受粉を媒介されていて、その経済効果は全世界で1530億ユーロ、日本では4700億円になると推計されているから、影響は大きい。

戦後の日本では食料不足を解消するため、化学農薬を多量に使用して食料の増産に努めた。しかし、多量に使用された農薬の一部は環境中に拡散し、自然の生態系に大きな影響を及ぼすことになった。昭和30年代に多量に撒布されたDDTやBHCなどの影響で、田圃や畑からとんぼや蝶、どじょうなどが姿を消してしまった。もとより、病害虫を駆除するために撒布する農薬であるから、駆除しようとする害虫以外の昆虫、鳥、魚などにも強いダメージがあるのは当然である。しかも、DDTやBH

Cなど有機塩素系農薬は、撒布された後もなかなか分解されず、大気、河川、土壌に残留、蓄積することになり、更には生物濃縮という現象が起きて水生昆虫や魚介類の体内に蓄積される。かつて佐渡島に僅かに生存していた野生のトキや兵庫県豊岡市に残っていた野生のコウノトリが相次いでこの頃に絶滅してしまったのは、農薬に汚染されたどじょうや鮒を餌にしたからだと言われている。

そこで、農薬の使用規制が始まり、毒性の強い農薬、残留性の強い農薬は全て使用禁止になり、使用できる農薬も毒性の弱いものに改良され、その使用量は昭和50年代の年間70万トンから減少しつづけて最近では35万トンぐらいになっている。それでもヘクタール当たりの農薬の撒布量は12kgと欧米の数倍も多い。環境中に放出された農薬は減少したといっても依然として土壌、地下水、河川、大気を汚染し続け、野生の生態系に被害を及ぼし続けている。農薬や化学肥料による環境汚染を少なくするために、昨年、農林水産省は「みどりの食料システム戦略」を発表し、2050年までに有機農業などの環境保全型農業を推進し、慣行農業を含めて化学農薬の使用を50%、化学肥料の使用を30%減少させる目標を掲げたが、計画通りには進んでいない。

近年、生物多様性の喪失は地球規模で加速度的に進んでいる。約40億年の地球の歴史の中で、多数の生物種が環境の変化、地形の変化や生物種間の競争により進化し、あるいは絶滅することを繰り返してきた。しかしながら、20世紀以降には熱帯林の3分の1が消失し、地球上の生物の2割近くが絶滅するという地球の歴史が始まって以来のスピードで生物種の絶滅が進行している。例えば、これまで家畜として利用してきた哺乳類６１９０品種のうちで５５９品種が絶滅し、少なくとも１０００品種が絶滅の危機に瀕している。なぜ、このような生物多様性の減少が急激に進んだのか、その原因は①都市開発や道路の整備、農耕地の拡大、過剰な採取と乱獲などにより生物の生息環境が奪われ、破壊されたこと、②森林や里山、溜池などの手入れが不十分になり、そこに育まれていた生物相が損なわれたこと、③人間が持ち込んだ外来種や化学物質などにより自然の生態系が攪乱されたこと、などである。第7章で日本の農業を持続可能にする課題の一つに中山間地における小規模農業の保護を挙げたが、生物多様性の維持の観点からみても中山間地の里山や水田、草地は維持・保全しなければならない。里山の自然環境は人間の手が加えられることによって、独自の豊かな生物相を維持しているのである。

野生生物の保護については１９７３年にワシントン条約、湿地保全については１９７１年にラムサール条約が採択されているが、さらに対象を広げて１９９２年に地球上の生物の多様性を包括的に保全するための生物多様性条約が締結された。生物多様性条約は、地球に生存する無数の生物の中で人類だけが繁栄するモノカルチャー状況の脆さを警告し、多様性のある生命文化を再構築するべく生まれた条約である。２０１０年には世界１９０ヶ国が加盟する第14回生物多様性条約加盟国会議が名古屋市で開催され、生物多様性の損失を止めるための取り組み10年間目標、20項目（愛知目標）が採択された。２０２２年に中国の昆明、カナダのモントリオールで開催された第15回加盟国会議では、

2030年までの生物多様性保全の枠組みが議論された。

持続可能な社会実現に向けてのSDGsにも生態系の保護、生物多様性の損失阻止が明記されているが、生物多様性の価値はこれまで十分に理解されてこなかった。そこで、2001年から2005年にかけて世界各国の専門家1400人により、地球規模の生物多様性・生態系に関する総合的評価「ミレニアム生態系評価」が行われた。それによると、生物多様性の役割は①食料、燃料、木材及び繊維、薬用成分など人間の生活に重要な資源を供給する、②気候の調節、洪水の防止、水の浄化など環境調節機能を果たす、③病害虫の発生、気象変化などに対する農作物の抵抗性や回復性を高める、④精神の癒し、教育、リクリエーションなどの機会提供、地域文化の維持など文化的役割、⑤土壌の形成、炭素、窒素、リンの自然循環、水循環などに関わる、などである。これら人間の目線からみた「生態系サービス」の経済価値は年間125兆ドルと評価され、全世界の年間総生産（GDP）の1・5倍にもなる。世界経済フォーラムの推計によれば、世界のGDPの半分、44兆ドルは生物多様性が支える自然資本に依存しているという。

日本では2008年に「生物多様性基本法」が制定されている。環境利用産業であり、生物利用産業でもある農業、水産、畜産業の領域において生物多様性の保護が要請されるのは当然の推移なのである。

3 アニマルウェルフェアの尊重

生物多様性の尊重の一環として、畜産業におけるアニマルウェルフェアの尊重が課題になっている。平成30年度の国内農業の生産額は9兆円、そのうち畜産品は3・2兆円を占めている。近年、我が国の畜産農家では経営効率を上げるために多頭羽飼育が進み、それに伴ってアニマルウェルフェア（家畜福祉）の水準が低下していることが指摘されている。養鶏場では1戸当たりの平均飼養羽数が昭和35年の14羽から7万6000羽に増え、豚であれば昭和35年の1戸当たりの飼育頭数の2頭から2800頭に増えた。乳用牛は、昭和35年には1戸当たりの飼養頭数は2頭であったが、現在は72頭に増えている。

近年の多頭飼育畜産業では与えた飼料が無駄なく肉や乳、卵に転化するエネルギーロスの少ない飼養管理が行われる。そのため、家畜は屋内で狭い囲い（集中家畜飼養施設、CAFO）の中に身動きできないように閉じ込められて、高カロリーの濃厚飼料を与えられる。鶏や七面鳥は、お互いに傷つけ合わないように除爪、断嘴されることもある。すると家畜の体重は順調に増えるが、このように動物本来の習性を無視した環境下ではストレスが多く、不健康になり、病気になりやすい。肥育を促進するためにホルモン剤、病気を防ぐために抗生物質などが投与されるから、それら薬剤の一部が食肉や牛乳に残留して食品危害をもたらすことにもなる。また、多頭飼育は伝染病の被害拡大をもたらし、2020年度には鳥インフルエンザ発生により過去最多の1000万羽の鶏が殺処分された。

現代の畜産業が追求してきたのは効率的な生産であり、家畜の福祉は完全に無視されてきた。それ故に、家畜の快適さに配慮した飼養、家畜の命の無駄遣いをなくすアニマルウェルフェアの構築は焦眉の急となっている。世界的にみて畜産品の需要はますます増大しているから、大規模集約畜産システムの推進は避けて通れないが、そのシステムが持続可能であるためにはアニマルウェルフェアの改善への取り組みが必要不可欠になる。

「家畜は単なる生産財ではなく、感受性を持った動物という存在として扱われるべきである」という動物福祉、アニマルウェルフェアの理念が初めてイギリスで提唱されたのは1964年である。近年の畜産業界におけるアニマルウェルフェアに関して国際的に要望されている要件は次の「五つの解放（自由）」である。

（1）飢えと渇きおよび栄養不良からの解放……新鮮な給餌・給水の提供
（2）物理的および熱の不快さからの解放……快適な飼育環境の提供
（3）苦痛、傷害及び疾病からの解放……予防・診断・治療処置の提供
（4）動物が通常行動を発現する自由……十分な行動空間・適切な施設・仲間の存在
（5）恐怖および苦しみからの解放……感受性のある生物としての取り扱い

EU諸国は1997年に締結されたアムステルダム条約において、アニマルウェルフェアに配慮した家畜の飼養管理を推進することに合意し、我が国においても「動物保護管理法」を2012年に改

正して、可能な限り適切な給餌、給水、必要な健康管理、動物の種類、習性を考慮した飼養環境の確保を図ることが定められた。２０３０年までに達成するＳＤＧｓにおいて、アニマルウェルフェアの改善に直接関係する分野は、目標12　持続可能な生産と消費形態――家畜の飼養環境改善など、及び目標14　海の豊かさと海洋資源保全――魚類養殖、漁獲制限など、である。

家畜の福祉を向上させる一つの方法として鶏の放し飼いや肉用牛の放牧が見直されている。一般的に放牧飼育には①アニマルウェルフェアの水準が向上する、②機械や化石エネルギーの投入が不要になる、③畜産農家の省力に役立つ、③急傾斜の山地でも実施できる、などの利点がある。もともと、牛、羊、山羊などの反芻動物は生理的に牧草などの粗飼料を必要とするので、放牧飼育するのが一般的であった。夏が短く、冷涼な気候のオランダでは80％の農場で放牧を行っているが、一方で家畜糞尿による環境汚染が深刻になり、飼養頭数の大幅削減など持続可能性に向けての取り組みが始まっている。日本で伝統的な和牛の放牧が行われなくなった原因は、放牧地として共同利用できる入会地が少なくなったことである。今では「舎飼い」にして濃厚飼料で飼養し、市場で人気がある脂肪交雑の精肉を生産するのが一般的になっている。

そもそも、このように食用のために動物を殺したり、利用することは倫理的に問題はないのであろうか。世界の各地には肉食をしない習慣がある。肉食を禁忌する思想の根底にあるのは、自然界における動物と人間の命を同じものと考える宗教観である。農業を主として行っている国々の宗教においては、生きとし生けるものの輪廻転生を信じて肉食を禁じていることが多い。インドで興った仏教には殺生を禁じる戒律があり、ヒンズー教やジャイナ教では菜食主義が守られている。我が国においても中世に仏教信仰が民間に広まると、肉食をすることは仏教で禁じている殺生を犯す行為であり、血に穢れた忌み嫌うべき行為であると考えて、牛、馬、鶏、そして卵を食べるのはタブーとなった。江戸時代になると鶏と卵は食べるようになったが、牛馬は明治維新になって肉食が解禁されるまで頑として食べなかった。牧畜を行うヨーロッパにおいても肉食禁忌の思想が全くなかったわけではなかった。古代ギリシャの数学者ピタゴラスとその仲間は、生命の同属性、魂の転生を信じて殺生、肉食を禁じ、徹底した菜食をしていた。

宗教上の理由からではなく、個人的な食の信条に基づいて肉食をしない人たちがベジタリアン、菜食主義者である。動物、鳥など生き物の命を奪って食べることをよしとしない考えに基づいて、動物性食品の摂取を避けて、穀物、豆類、野菜、果物を中心にした食事をするのである。菜食主義、vegitarianismの語源はVegitable、野菜ではなく、ラテン語のvegetus、心身の健康である。近年、欧米では環境や動物福祉に配慮した食事をしようという意識が広まり、環境負荷の大きい肉食を避け、あるいは肉食を減らしたり、植物肉など「畜産に頼らない肉」を食べる文化が広がっている。イギリスでは肉食は環境負荷が高いという理由で、学内食堂での肉の提供を禁止している大学もある。菜食主義者の人口比率はインドで約28％、台湾で約14％、ドイツで約10％、イギリスで5％であるが、日本では約4％である。アメリカでは最近の5年間に徹底した菜食主義者、ヴィーガンが5倍に増え2000万人に達している。食材のカーボンフットプリントの研究によると、ヴィーガン・ダイエットをすれば温室効果ガスの24～53％を削減できるという。いずれにしても、このような肉食を避ける思想は、人間と動物の命を同じものと考え、家畜を殺すことを嫌う究極のアニマルウェルフェア尊重であると言える。

4　食品産業の環境マネジメント

我が国の環境行政は1950年代の公害規制から始まった。高度経済成長とともに工場排水、生活排水による河川の汚濁が全国的に広がると、1958年に工場排水規制法、1970年に水質汚濁防止法が施行されて産業排水の浄化処理が事業者に義務付けられた。都市部では騒音、振動、悪臭などによる公害が顕著になり、1967年に公害対策基本法、1968年に大気汚染防止法が施行された。

1972年に勃発した第一次石油危機は日本の産業を高度成長から安定成長へと転換させる契機となり、産業界における省エネルギー、省資源への取り組みが本格的に始まった。そして、地球温暖化をもたらす温室効果ガスの排出抑制が国際的課題になると、持続可能な産業システムの構築、地球環境と資源の保全が21世紀における産業社会の最大の課題になるのである。1993年にはこれらの環境課題に総合的に対処する「環境基本法」が、2000年には「循環型社会形成推進基本法」が制定され、資源の再生利用を促進する容器包装リサイクル法、食品リサイクル法などが集中的に整備されたのである。

　地球温暖化の原因になる温室効果ガスの排出抑制に関しては、２０１５年に締結されたパリ協定に応じて日本政府は２０３０年までに実質排出量を13年度比で26％減らす目標を提出した。さらに２０２１年、国連気候変動枠組み条約締結国会議（ＣＯＰ26）において２０３０年までに46％削減、２０５０年までに実質ゼロにすることを約束した。この目標を達成するためには、合わせて１５０兆円の

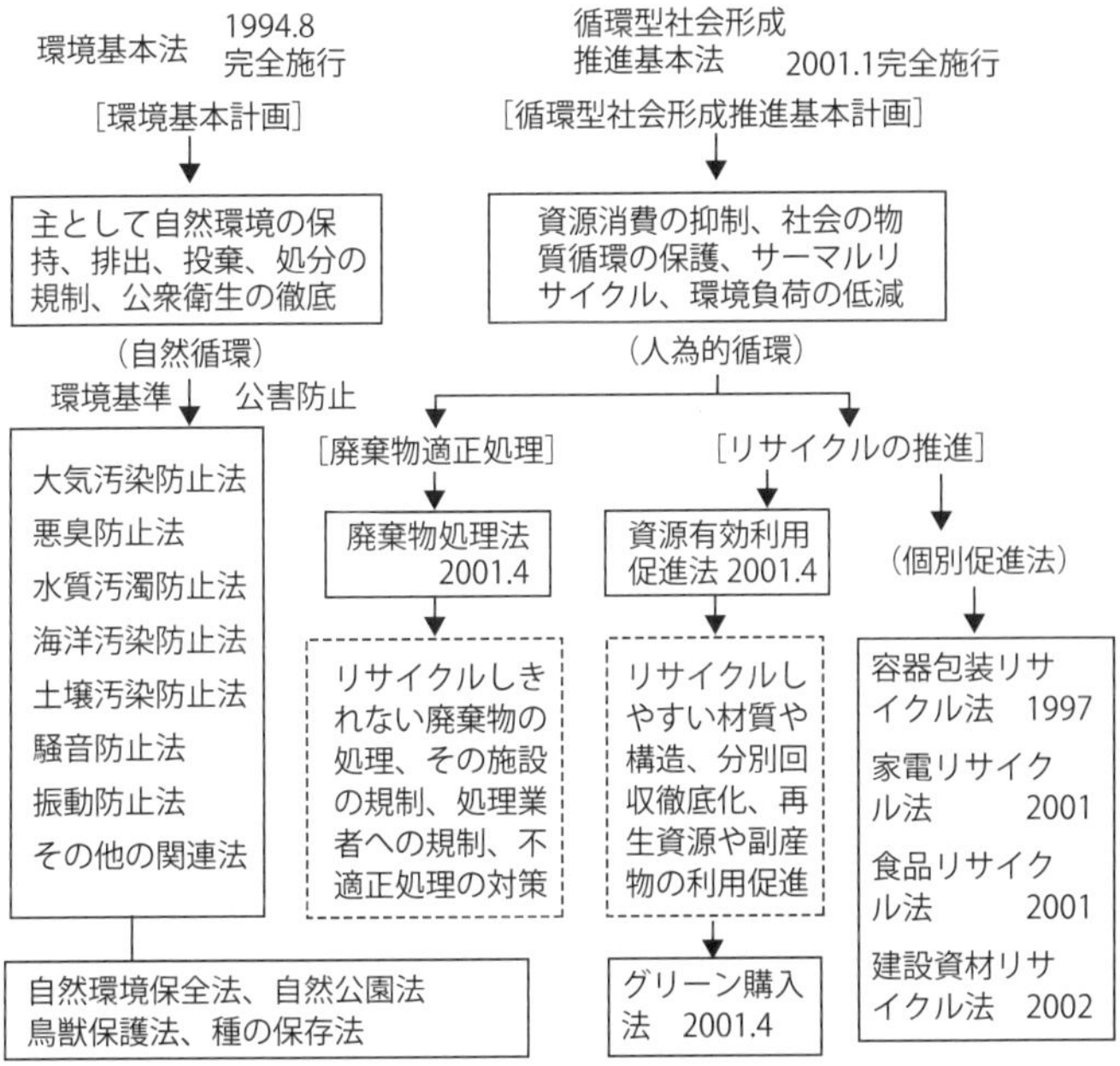

表５　循環型社会の形成を推進するための施策

出所：橋本直樹著「見直せ　日本の食料環境」養賢堂　2004年　p.102

投資が必要となる予定である。

二酸化炭素を1単位排出するごとに、経済成長の指標となる国内総生産（ＧＤＰ）をどれだけ生み出したのかを示す「炭素生産性」をみると、日本は先進国の中で最低水準にある。つまり、エネルギーを多く使いながら付加価値が少ない20世紀型の産業に依存し、省エネルギー型の産業への移行が遅れているのである。２０００年代に入るとヨーロッパ諸国は再生可能エネルギーを利用することに積極的であったが、日本はそうでなかった。エネルギー自給率が11％と低いので石炭や石油、天然ガス事業への公共投資額が世界最多であり、国連の気候変動会議（ＣＯＰ27）において温暖化対策に後ろ向きの国として非難する「化石賞」を与えられている。今後は非化石系エネルギーの利用を急がねばならない。

食料の生産から加工、流通、販売に至るフードシステム全般から排出される二酸化炭素の量は、我が国の総排出量、11億トンの17％であるとみられる。食品加工工場から排出される大気汚染物質は、工場のボイラーや焼却炉から発生するものと原料、製品のトラック輸送に伴うものがあり、硫黄酸化物では全産業の排出量の7％、窒素酸化物では2％、煤塵では4％を占めている。食品加工工場から排出される排水に含まれている有機質汚濁はメタン発酵処理と活性汚泥処理を活用して、有機質汚濁濃度をＢＯＤ換算で１２０㎎／ℓ以下にして河川に放流しなければならないが、その処理に使用される電力は工場で使用する全電力の30％にも達することがある。食品産業から排出される食品廃棄物は年間818万トンあるが、食品リサイクル法によりその20%を堆肥や家畜の飼料などに再生利用することが義務付けられている。食品産業から排出される産業廃棄物、年間1200万トンの2～3割は飲料の容器と包装材であるが、その回収と再資源化は容器包装リサイクル法により市町村と事業者に義務付けられている。

このように、食品産業界では日常の事業活動を通じて地域環境に損傷を及ぼさないよう、温室効果ガス排出、大気汚染、水質汚濁、有害化学物質排出などを抑制し、省エネルギー、省資源、再資源化に努めなければならない。そのためにはまず、環境保全に関する経営方針を明確に定め、それにしたがって自社が発生させる環境負荷の削減目標と、目標を達成するための行動計画を策定し、それを適切に実施するための組織を構築・運用する環境マネジメントシステムが必要になる。例えば、某企業グループは原材料の調達から廃棄までに排出する温室効果ガスを2040年までにゼロにする経営方針を定めている。

この環境マネジメントにかかる経費は、製品の価格に転嫁できない外部コストとして無視できない規模になりつつある。そこで、企業は環境保全に関する投資及び費用とその効果を「環境会計」として把握し、自社の事業活動に伴う環境負荷の削減目標とその達成度、必要経費などを説明する「環境報告書」を作成して公表しなければならない。将来、社会全体で環境対策に要する外部コストを負担することを容認するようになれば、企業の環境対策はさらに進展するに違いない。

5　家庭の食生活における環境対策

関連して、家庭の食生活によって生じる環境負荷とその削減に触れておく。家庭の食生活に消費されるエネルギーはどれぐらいであろうか。国立環境研究所などの調査によれば、２０１５年度において日本人一人当たり年間に排出する温室効果ガスは二酸化炭素に換算して７・１トンであり、このうち食生活によって排出するのはその17％、１・26トンである。

資源協会が科学技術庁からの委託を受けて、市民が家庭生活を営むのに必要なライフサイクルエネルギーを調査した結果を紹介しよう。首都圏に住む夫婦と子供２人のモデル家庭では、１年間に消費する全エネルギーは５１００万キロカロリーであり、食生活にはその17・６％に当たる９００万キロカロリーを消費する。このうち、食料とその調達にその54％、４８１万キロカロリーを使い、調理に使う電気、ガスなど光熱エネルギーとして36％、３２３万キロカロリーを消費する。

食生活に使用される光熱エネルギーは１世帯あたり１日でみれば、８９００キロカロリー程度であるが、このうち35％は冷蔵庫に、32％がガスコンロに、19％が湯沸し器に消費されるので、どれも省エネルギーの対象になる。冷蔵庫を頻繁に開閉したり、馬鈴薯、たまねぎなど常温で保存できるものまで冷蔵庫に入れたりして満杯にすると、庫内の冷えが悪くなり電力が無駄になる。１食当たりの調理に使用する光熱エネルギーは１人分なら７８５キロカロリーであるが、４人分まとめて調理すればその84％、６５９キロカロリーで済む。家族が一緒に食べるなら１日の調理エネルギーは１９３３キロカロリーであるが、家族の食べはじめが1時間以上ずれるバラバラ食になると暖めなおしたりするから2614キロカロリーが必要になり、680キロカロリーのエネルギーが余分に使用されることになる。バラバラ食事はエネルギーのロスになる。

なお、参考までに付け加えると、加工食品を多く使用するようになったことが化石エネルギーの消費拡大につながっている。例えば、小麦から朝食用のシリアル1キログラムを加工するためには、小麦粉1キログラムを製造するのに必要なエネルギーの約32倍を必要とする。しかも、シリアルそのものの加工に要したエネルギーよりも、その容器や包装材の製造により多くのエネルギーが消費されている。今日のアメリカを例にすると、農作物の栽培、家畜の飼育から始まって輸送、加工、包装、保存、調理までをひっくるめた食料供給システムで使用される総エネルギーは、人々が食事から摂取するエネルギーを7倍から15倍上回っている。つまり、1キロカロリーの食事を摂るために、食材の生産から調理までに7～15キロカロリーのエネルギーが消費されている。便利な食生活は環境や資源保全に及ぼす負担が大きいのである。

食生活が環境に及ぼす負荷のなかで相対的に大きいのが河川の水質汚染である。水質汚濁防止法が施行される前は製造工場からの排水に混じって排出される有機物質汚濁はBODに換算して年間300万トンもあったが、その後、企業の努力により工場排水による水質汚染は約4分の1に減少している。それに代わって家庭の生活排水による汚染が、琵琶湖や霞ヶ浦、瀬戸内海、東京湾など閉鎖水域では水質汚染の6割を超えている。

家庭の日常生活から排水として出る有機物はＢＯＤに換算して1人、1日で43グラムになる。ＢＯＤとは生物学的酸素要求量のことであり、排水中に含まれている有機物を微生物の力を借りて浄化するのに必要な酸素量のことである。そのうち、台所の排水や風呂の湯など雑排水に含まれている30グラムは下水道が完備していないと未処理のままで河川や海洋に放流されるので、集まればその地域の水質汚濁の原因の70%にもなることがある。下水道が完備していても下水処理場での除去処理に要するエネルギーが大きくなる。使用済みの天ぷら油５００ミリリットルを台所の流しに捨てれば、それを希釈して魚が住めるようにＢＯＤ５㎎／ℓ以下にするには約20万倍の10万リットルの水が必要である。ラーメンの汁２００ミリリットルなら１０５０リットル、味噌汁お椀1杯、２００ミリリットルを捨てれば１４１０リットルの水が汚れる。飲み残し、食べ残しをしないようにして、使った食器は汚れを丁寧にふき取ってから洗うようにしたい。食器洗いに使う合成洗剤は河川に流入して1～2ｐｐｍ以下に希釈されてもプランクトンや小魚に影響がある。石鹸を使えば分解が早く、小魚に対する毒性も10分の1か１００分の1である。全国的に展開され始めたエコクッキングとは食材の無駄遣いと調理作業など台所仕事を通じてのエネルギーの無駄使いを省き、生ごみを減らし、環境への負担を減らそうとする運動である。

家庭の食生活における省資源化についても触れておかねばならない。スーパーでのパック販売、自動販売機、過剰包装のギフト商品などが増加して、使用済みの食品、飲料用の容器、包装パック、トレーなどが家庭ごみの量の3分の1を占めるようになった。これら食品の容器、包装材は年間、1000万トンあるらしいが、そのうち資源ごみとして分別回収されるものは260万トン、再資源化されるのは200万トン余りに過ぎない。台所から捨てられる使用済みの食品包装材や容器は戸別に分散して廃棄されるので、再資源化することが難しいのである。大部分は焼却するか埋めるのであるが、埋め立て用地に困っている自治体が多い。

第10章　農（生産者）と食（消費者）の協力が必要である

1　食料の生産者と消費者の立場が対立している

農業は人間が農地という自然環境に働きかけ、作物という生態系を育てて、農産物という収穫を得る営みである。自然環境に働きかける営みの担い手が農業者であり、その生産物が食料である。消費者はその地域で生産される食料を食べて命を繋いできた。だから、農と食には切っても切れぬ繋がりがあることを忘れてはならない。今、問われているのは、この農と食の繋がりが希薄になっていることである。

もともと、食べるものについては、それを生産する側と消費する側との双方の生き方が不可分の関係にあったのである。狩猟採取で暮らしていた原始の時代には全ての食料が自給自足であったから、食べ物を探してくる人と食べる人は同じであった。人類が農耕を始めたことにより多量の食料を安定して生産できるようになると、町に暮らす人々は周辺の村で農耕をする人々が生産してくれる食料を食べることになる。これが農業の始まりである。農耕と農業はよく混同されるが、農耕とは自分が食べる作物を栽培することであり、農業とは他人のために作物を栽培して供給することである。現代においては、食料を生産する農業者とその食料を食べる消費者との関係は、大都市ではもちろんのこと、地方都市においても、遠く分離されている。これに伴って、都市のスーパーで食料を買う消費者とその食料を生産している農家とではお互いの顔が見えなくなり、お互いの交流がなくなっている。特に近年は、海外から輸入される多様な食材を食べることが多くなったので、国内で生産される農産物の季節感を見失い、新鮮な食べ物の風味や地域に育まれた伝統的な食文化も忘れられている。昭和30年ぐらいまでは人口の80％が農村部に居住していたから、食と農の距離は今よりずっと近かった。その後の高度経済成長に伴い人口は農村から都市に移動して、今では人口の80％が都市部で暮らすようになった。都市の住民にとって日々の食料はスーパーマーケットで買うものとなり、それが遠くの農村で苦労して栽培され、または見知らぬ漁村から遠距離輸送されてきたものであることに気が付かない。戦前ならば身近にあった畑や田圃、牛小屋もいまは見ることができない。農作業の現場を知らず、農作業に汗を流したこともないものに米や野菜を大切にすることができるであろうか。

私たちは、食卓に出された一皿の料理を前にして、そこに使用されている食材が生産され、加工され、運ばれて食卓に辿り着くまでには、生産、加工、流通、調理という「分業」があり、それぞれの分業に携わる多くの人々の「協力」があることを考えようではないか。私たちは食べるものを自給自足しているのではなく、見知らぬ人たちが苦労して生産し、運び、加工してくれたものを食べさせてもらっているのだということを忘れてはいけない。分業は資本主義経済の発展の根幹であることに変わりはないが、食料の生産、加工、流通、販売に関しては個々の過程において自己完結的に経済効率と生産性を追求するのでなく、相互に協力、連携して共通の目標を達成するという分業でなければならない。

言うまでもないが、農業は土地利用産業であるから、他の製造業のように容易に立地移転ができない。従って、食料の生産と消費は一つのコミュニティの中で営まれて完結・持続されるのが本来なのである。第2章から第9章に分けて述べた現代社会が抱える農と食に関する問題の多くは、食料を生産する人と生産された食料を消費する人、つまり、作る人と食べる人との地理的距離が遠くなり、社会的、経済的、心理的に分断されてしまったことにすべて起因していると言ってよい。今後は食料の生産者と消費者がそれぞれに勝手な自己主張をするのでなく、お互いに連帯して助け合う心掛けが必要になる。食料の生産と消費については生産者と消費者は「運命共同体」であらねばならない。

日本の農水産物の生産（輸入も含めて）から消費者の消費に至る食料需給総合システム（フードシステムという）の経済規模は年間約80兆円規模に拡大している。高度経済成長が始まる直前の昭和30年当時のフードシステムの経済規模は約4兆円で小さかったが、その35％は食料を生産する農家や漁業者に還元されていた。ところが、現在では消費者が生鮮食材や加工食品を購入する金額、外食に支出する金額の総計約84兆円のうち、食料を生産した国内の農家、漁業者に還元される金額はその13％、約10兆円に過ぎない。つまり、食料の生産分野の経済規模が輸入を含めて11・3兆円であるのに比べて末端の消費分野の規模が83・8兆円と大きくなっているので、消費者の自己勝手な発言力がより強くなり、それが食料の生産に携わる農水産業者を苦しめている。食料を生産する農水産業者と都会の消費者の思いが通じ合わなくなり、それぞれの立場と利害が鋭く対立するようになっている。その顕著な例をいくつか挙げてみる。

その一例が農水産物の複雑な流通経路である。全国各地で生産された野菜や果物は消費地の卸売市場に集められ、卸売業者のせり売り、入札によって価格が決められる。そして、仲卸業者、売買仲介

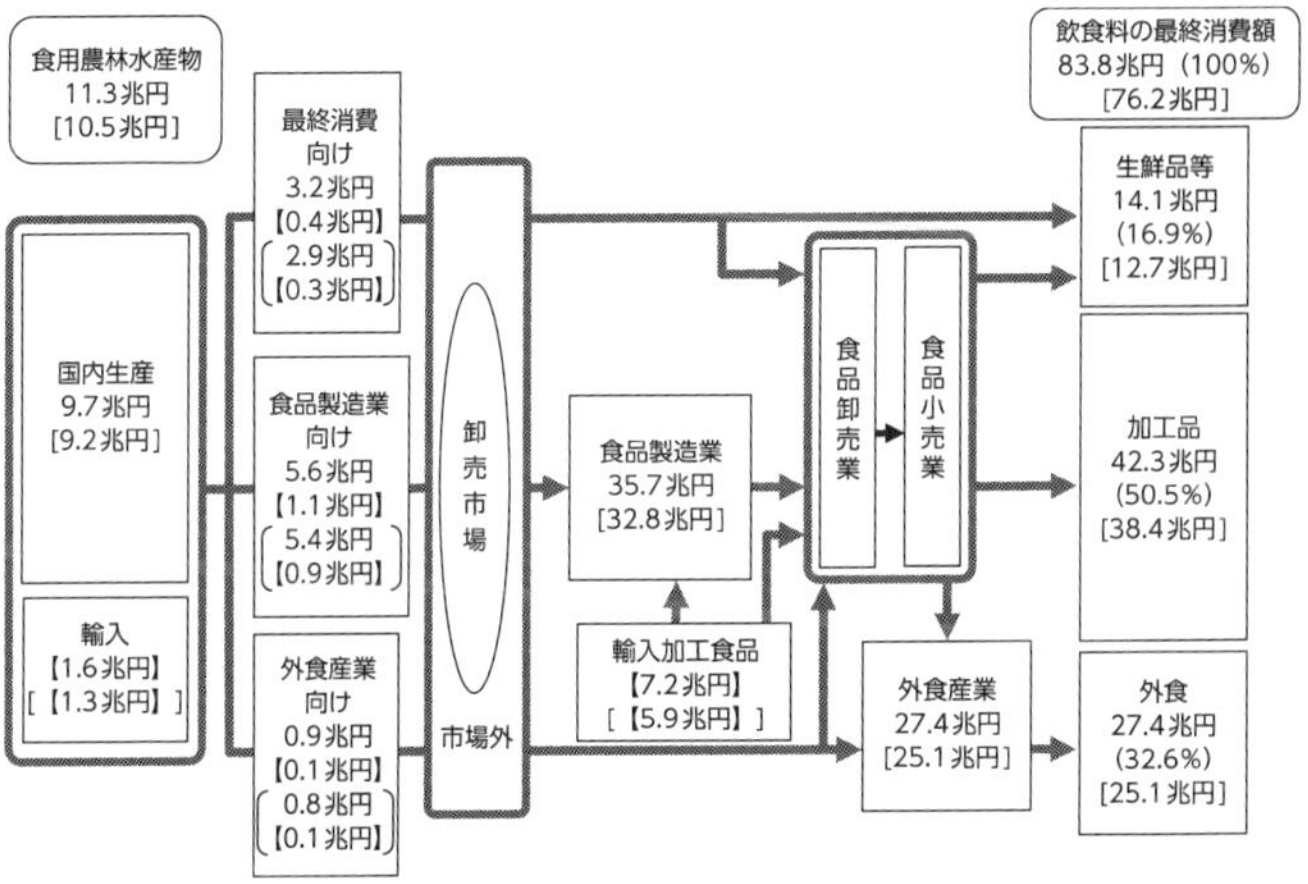

図9　我が国の農林水産物の生産・流通・加工の流れ　平成27年（2015年）

資料：農林水産省「平成27年（2015年）農林漁業及び関連産業を中心とした産業連関表（飲食費のフローを含む。）」等を基に作成

注：1）総務省等10府省庁「産業連関表」を基に農林水産省作成
2）旅館・ホテル、病院、学校給食等での食事は「外食」に計上するのではなく、使用された食材費を最終消費額として、それぞれ「生鮮品等」及び「加工品」に計上している。
3）加工食品のうち、精穀（精米・精麦等）、食肉（各種肉類）及び冷凍魚介類は加工度が低いため、最終消費においては「生鮮品等」として取り扱っている。
4）【　】内は、輸入分の数値。［ ］内は、最新の「平成27年産業連関表」の概念等に合わせて再推計した平成23（2011）年の数値
5）市場外とは卸売市場を経由しない流通を指し、産地直送や契約栽培等の生産者と消費者・実需者との直接取引をいう。

農林水産省「令和2年度　食料農業農村白書」 p.122

人を介してスーパーマーケット、青果店などの小売店に買い取られて、外食店や消費者に販売される。野菜や果物、水産物はどれも流通が全国規模に広がり、市場価格は生産地の原価とは関係なく消費地側の都合で決まる。その結果、生産農家の手取りは消費地での小売価格の30％前後にまで少なくなることが多く、集荷仲介業者に手数料を払えば赤字になることもある。生産者は自分で生産したものの価格を自分で決めることができないから、生産コストに見合う利潤を得ることが難しくなっている。

農家の生産した農産物は都市の販売業者や消費者に不当に買いたたかれている。新鮮で品質の良い農水産物を、しかもより安く求める消費者の自己勝手な要求が生産者を苦しめているのである。日本の農産物の価格は他の工業製品に比べて安価でありすぎる。農家の生産コストに適切な利潤を上乗せした価格を消費者が負担しなければならない。スイスでは国産卵は1個60円から80円もして輸入卵の数倍も高いのであるが、国産の卵が輸入卵よりずっと多く売れる。「地元で生産された新鮮な卵を買うことで農家の生活が支えられ、私たちもおいしく食べられるのだから、高くても当たり前である」と考えられているのである。手間はかかるが、新鮮で品質の良いものを生産しようとする農家とそれを理解してプレミアム価格で買い求める消費者との絆が持続可能な農業に繋がっていくのである。

農畜産物の安全性に関しても生産者と消費者の意見が対立している。毎日、食べている食物について、誰もが心配しているのは残留農薬と食品添加物の危険性である。第二次大戦後に広く使用されるようになった殺虫剤、殺菌剤、除草剤などの化学合成農薬は、農作物の病虫害や雑草の駆除に目覚ましい効果を発揮し、農産物の収量を飛躍的に向上させた。夏季の水田での除草作業にはヘクタール当たり500時間のきつい労働を必要としていたが、2・4－D、PCP、など除草剤を使用するようになってからは僅か40時間で済むようになった。敗戦直後のひどい食料不足を解消しようと増産に励んでいたわが国の農家にとって、これら化学合成農薬と硫安などの化学合成肥料は欠かすことの出来ない救世主となり、反当たり収量が飛躍的に増大して食料不足が解消された。水田稲作を例にとると、それまでヘクタール当たり平均2・5トンであった米の収穫量は2・5倍の5・4トンに増加した。

農薬を使用しなければ、世界的にみて農作物の収穫が30％は少なくなると言われている。ことに高温、多湿な気候の我が国では農薬を使用しないと病虫害が多く発生し、駆除に手間がかかり、収量が大きく減るのである。日本植物防疫協会が調査したところによると、農薬を全く使用しないとしたら水稲の収量は3割前後減少する。トマトや馬鈴薯は3割以上、キャベツやきゅうりは6割以上の減産になる。したがって、化学合成農薬の単位面積当たりの使用量は一時に比べれば半減しているが、今でもアメリカの9倍、スウエーデンの16倍と多い。しかし、高齢化と人手不足に悩む我が国の農家にとって農薬や除草剤の使用による省力化は欠かせない。

化学合成農薬と同じように危険視されている食品添加物とは、加工食品の加工、製造に使用する着色剤や調味料、乳化材、保存剤などのことである。昭和30年代から加工食品や調理済み食品を利用することが多くなった。それらの食品を製造、加工する際には、風味や外観を良くするために着色剤、調味剤、乳化剤、増粘剤、凝固剤、膨張剤などを使用し、数ヶ月も買い置き・保存しておけるように殺菌剤、防かび剤や油やけを防ぐ酸化防止剤などを「食品添加物」として使用することが普通になっている。

食品中に残留する可能性がある化学物質は、農薬、食品添加物のほかに、畜産や養魚用に使用する飼料添加物や動物用医薬品がある。近年では家畜を狭い場所に集めて飼育し、濃厚飼料を与えて短期間で肥育するのが普通であり、漁業でも狭い生簀の中での密集養殖が行われる。家畜や魚の生態を無視したこのような飼育環境では、家畜や魚はストレスが増え病気に罹りやすくなる。そこで、抗生物質や抗菌剤、駆虫剤を使用し、また肥育を促進するために合成ホルモン剤を使用する。それが畜肉や魚肉、牛乳、卵などに一部残留して、消費者の健康を脅かすことになる。

もちろん、化学合成農薬や除草剤、飼料添加薬品、食品添加物などは使わずに済むのであれば使わないのがよい。しかし、わずか435万ヘクタールの農地と136万人の農業者、18万人の漁労者で1億2400万人の食料を賄うには使わざるを得ないのである。農薬、除草剤を使う機械化農業、多頭飼育による畜産業、養殖漁業でなければ、日本の食料生産は労力的にも、経済的にも成り立たない。大量に流通、消費されている便利な加工食品の衛生状態を守り、品質を保証するには食品添加物の使用が不可欠なのである。しかし、そのことが都市に住み、スーパーやコンビニで日々の食べ物を購入している消費者には理解されていない。

もとより、農薬や食品添加物は農作物に散布したり、加工食品に添加するものだから、当然私たちが毎日、口にすることになる。現在では、全国各地から、そして海外から運ばれてくる食材や食品、名前も知らぬ食品会社が製造した加工食品や総菜、弁当などを食べている。しかも、家庭で調理をすることが少なくなり、外食店を利用することが増えている。いわば、見知らぬ生産者の作ったものを食べることが多くなっているから、農薬が残留していないか、危険な食品添加物が使われていないか、と心配をしなくてはならない。そこで、農薬や食品添加物、飼料添加薬剤などは厳重な安全性試験をパスしたものを、使用時期、使用量などを制限して使用するように安全使用基準や残留基準が定められていて、違反した生産者、加工業者を摘発する検査制度も整備されている。

国立医薬品食品衛生研究所では、日本人の残留農薬や食品添加物の摂取実態をマーケットバスケット方式で調査している。食事の献立にしたがって食材をマーケットで購入して、食材ごとに1人1日当たりの平均摂食量を秤り採り、そこに含まれている残留農薬や食品添加物を分析するのである。22年前、平成12年度に調査した結果によると、私たちは1日に天然にはない化学合成の食品添加物を37種類、合計33ミリグラム摂取していたが、そのうちの29ミリグラムはソルビン酸とプロピレングリコールであった。プロピレングリコールは生麺、ギョウザの皮などの乾燥を防ぐのに使われ、ソルビン酸はかまぼこ、ちくわ、ハム、ソーセージ、佃煮などの腐敗を防ぐ保存料として広く使用されている。しかし、その摂取量を体重58キログラムの成人の1日摂取許容量（ＡＤＩ）と比較してみると、プロピレングリコールは摂取許容量の0・7%、ソルビン酸は1・2%を食べているに過ぎず、その他の合成添加物はそれよりずっと少ない摂取量であるから健康危害はないと考えてよい。また。1日の食事で体内に入る農薬は17種類が検出されたが、その摂取量はどの農薬もせいぜい数マイクログラムであり、それぞれの1日摂取許容量（ADI）に比べて多いものでも5%、その他は0・5%以下の摂取であった。マイクログラムとは百万分の1グラムのことである。これらの調査結果をみる限り、日本人が1日の食事で摂取することになる農薬と食品添加物はごく僅かであり、過度に心配することは要らないといえる。

1990年代の後半、その安全性が問題になった遺伝子組換え農産物や最近、話題になっているゲノム編集食品についても、農業者、加工業者と消費者の意見は対立している。遺伝子組換え農産物とは、遺伝子組換え操作によって害虫による食害を受けにくくしたトウモロコシ、特定の除草剤に対する抵抗性を付与したトウモロコシや大豆などである。遺伝子組換えトウモロコシにはバチリス・チューリンゲンシスという昆虫病原菌の毒素たんぱく質の遺伝子が組み込まれている。この遺伝子により生成する毒素たんぱく質を蝶や蛾の幼虫が食べると死ぬから、この組換えトウモロコシは食害が少なく収穫量が増える。遺伝子組換えトウモロコシに含まれている超微量の毒素たんぱく質は昆虫には有毒であるが、人や哺乳動物が食べても胃酸で分解されて吸収されないので無害である。遺伝子組換え大豆には、特定の除草剤に強い抵抗性をもつ土壌細菌のアミノ酸合成酵素の遺伝子が組み込んである。通常の大豆は強力な除草剤、ラウンドアップ（商品名）を散布すると、アミノ酸合成が阻害されるので栄養障害を起こし枯れてしまうが、組換え大豆では組み込まれている土壌細菌の合成酵素が代わりに働くから枯死することはない。従来は大豆が枯れないように除草剤を薄めて何回にも散布して除草していたが、組換え大豆であれば高濃度のラウンドアップを散布して一挙に雑草を駆除できる。土壌細菌のアミノ酸合成酵素は哺乳動物の体内では全く働かないので、私たちが組換え大豆を食べても危険はない。ついでながら、ゲノム編集操作を利用して太らせた養殖鯛や血圧上昇を抑制するＧＡＢＡの含量を増やしたミニトマトなど「ゲノム編集食品」が令和2年から市販されている。ゲノム編集とは特定の遺伝子群（ゲノム）を切除したり、不活性化する遺伝子操作技術である。ゲノム編集食品は従来から食用にしている魚や野菜の遺伝子のごく一部が除去あるいは不活性化されているのだから食べても危害はないと判断してよい。アメリカ科学・工学、医学アカデミーの委員会は２０１６年、遺伝子組換え作物の安全性に関する約１０００件の研究を纏めて、遺伝子組換え作物は食べても安全であると結論づけている。

このように遺伝子組換え農作物は、虫に食われにくいから殺虫剤の散布回数を減らせる、あるいは強力な除草剤を散布しても枯れないから雑草を駆除しやすいので、生産性が平均して22％向上するから大規模経営農家には歓迎される。したがって、遺伝子組換え農作物の栽培面積はアメリカを中心に27ヶ国、1億9千万ヘクタール（世界の農耕地の12％）に広がり、特にアメリカでは栽培されているトウモロコシの80％、大豆の92％が遺伝子組換え品種に替わっている。遺伝子組換え農産物の日本国内での栽培は許可されていないが、輸入は平成8年から許可されている。日本に輸入されているトウモロコシの88％、大豆の93％、菜種の89％は遺伝子組換え品種であるから、知らず知らずのうちにこれらの遺伝子組換え農産物とその加工品（豆腐、サラダ油など）を食べることになる。そこで、消費者の不安を解消するために、遺伝子組換え大豆、トウモロコシ、馬鈴薯、菜種、綿実を原料に使用した加工食品には遺伝子組換え農産物を「使用」したと表示することが、平成13年度から義務付けられている。

2　食と農の繋がりを再編成する

しかし、科学的根拠に基づいて客観的に判断したこれら遺伝子組換え作物や残留農薬、食品添加物などの「安全」と、消費者が主観的に判断する心理的な「安心」とは別のものであるから、消費者の不安はいつまでも静まらない。必要以上に厳しい検査や規制を実施しても、効果はそれほどに期待できず、費用が嵩むばかりである。これからは、食料、食品について必要以上の安全性を保証することを、食料の生産者や加工業者だけに押しつけてはならない。農薬や食品添加物、遺伝子組換え農産物などについて「ゼロ・リスク」ということはあり得ない。そこで、アメリカでは連邦食品医薬局（FDA）が科学的に審査して安全であると保証したものならば、消費者は安全であり、安心してよいと受け容れている。我が国でも、平成15年に食品安全委員会が発足し、農作物、畜産品や加工食品の安全性を科学的に審査し、消費者に対して食べるものの安全性を保証している。消費者はその審査結果を信用して、農家や食品加工業者が農薬や食品添加物を安全な範囲で使用することに協力しなければならない。

かつては、消費者の目の届くところで食料が生産されていたが、今はそうではない。農産物の安全性を保証する有機農産物認証制度、畜産物の流通経路をモニターするトレーサビリティ制度、加工食品の安全性を保証する食品添加物表示制度、製造年月日表示、遺伝子組換え農産物の使用表示制度などは、生産者が生産した食料・食品の安全性を目の届かないところに住んでいる消費者に伝達する重要な手段である。安全な食料・食品を生産する者の「生産者責任」とそれを適正に評価して受け入れる消費者の「消費者責任」が結び合わさり、相互の信頼と連携が生まれてこそ、食料・食品の「安全と安心」が一体化するのである。そして、国産農産物とその加工品の安全性を保証するこれらの表示制度は、国内農業の持続可能化にも役立つのである。

第7章でも述べたことであるが、日本の農業を持続可能にするための課題を達成するには農業者の努力だけでなく消費者の協力が必要であり、逆に消費者が安全な食料を持続的に確保するためには農業者、加工業者の協力が必要なのである。ところが、現在の食料需給関係においては農と食のバランスは大きく食の方に傾いている。農業に従事する人たちに比べて都市の消費者が人数においても経済力においても圧倒的に優位になっているから、都市の消費者の我儘な要求や自分勝手な購買行動が食料を生産する農業者、加工業者を圧迫しているのである。この肥大化した食の消費分野と衰退する農の生産分野のバランスを再編成することこそが農と食の持続化をめぐる今日的課題なのである。

そこで、この食に偏ったバランスを農の方向に引き戻すためには、消費者の方から生産者の方に働きかけるのが近道である。具体的には、地域で生産される農産物をその地域で消費する地産地消活動、地元の直販所の利用、産直共同購入、有機農産物を値段は高くても購入すること、提携する農畜産業者に適正な利潤を保証して品質の良い生産物を作ってもらい、それを会員が共同購入する生活協同組合活動などが挙げられる。日本の生活協同組合は組合員が最近11年連続で増えて３０００万人、世帯加入率は38％、売上高は３兆円である。苦境に立たされている日本の農業を持続可能にするには、農業者の努力だけではなく、このような消費者の理解と協力・支援が必要である。農家に努力してもらうのは当然だが、消費者がその努力を正当に評価して協力することによって、作る人、加工する人、流通させる人、消費する人のすべてが助け合って共存できる食のコミュニティが成立するのである。わが家の食卓を安定して持続するためには、生産者と消費者が共存、共栄できるコミュニティの形成がまず必要であり、その中でこそ、生産から消費までの全ての行動が持続可能になるのである。

国内農業を応援するために、値段は高くても地場の農産物を買っている人は少なくない。手間はかかるが、環境にやさしく安全で安心できる有機栽培農産物を提供している農家もある。都会に住む人たちも自宅の空き地や市民農園で野菜作りをしてみれば、農家の苦労がよく理解できる。これからは、農産物を単純に価格が安いか、無農薬か、どうかだけで選別するのでなく、それを生産する農畜水産業の苦しい現状を理解して支援する気持ちをもって選択し、購入することが必要になる。消費者一人一人には食料需給の現状を理解し、社会や環境に配慮して食べるものを選ぶ責任があるのである。それが次に述べる倫理的《エシカル》な消費というものであり、未来の食に対する「消費者責任」を果たすということである。

表６　海外の倫理的食品購入ガイド

倫理的食品購入ガイド（イギリス）	環境にやさしい食行動ガイド（オーストラリア）
郊外型の大規模チェーン・スーパーではなく、歩いて行ける近くの店で買う。	大規模チェーン・スーパーでの買い物を最小限にして、とくにファーマーズ・マーケット・産消提携・食品生協・産地市場での購入を増やす。
過剰包装を避ける。	包装ゴミを減らす。
必要量だけを買う＝未利用食品廃棄を出さない。	食品廃棄を減らし、残り物は堆肥に。
肉や乳製品の消費を減らして、菜食を増やす。	肉を食べない曜日をつくる。
MSC 認証*のついた魚を買う。	減少している魚種の消費を減らすとともに、魚の消費量そのものも減らす。地元の魚を買う。輸入の場合は MSC 認証のついた魚を選ぶ。
有機認証のついた生産物を選ぶ。	地産で旬の、有機の農産物を買う。
加工食品を控える。	添加物の入った加工食品ではなく、生鮮食品を買う
放し飼いで有機飼育の肉を買う。	有機飼育、牧草育ちの畜産物を選ぶ。動物のすべての部位を食べるようにする。
—	食べ物を自給する。
生産者の労働条件を確保する公正な食品を買う。	—

注：＊印の MSC 認証とは、Marine Stewardship Council が定めた水産物エコラベル。
出所：秋津元輝、佐藤洋一郎、竹内裕文著「農と食の新しい倫理」昭和堂　2018 年　p.135

3　未来の農と食に対する消費者の責任

いつの時代でも人間は何を食べるかということを自分で判断し、その食べ物を確保するために多くの時間を割いてきた。食べるということは大切な「自分事」であったのである。しかし、現在の私たちの日々の食生活は食料の生産や加工の場から遠く切り離されていて、どこの誰が作ったものか分からないものを食べている、食べることが「他人任せ」になり、受動的に食べさせられていると言ってもよい。しかし、今後は自分の食べるものは自分の判断で正しく選んで購入するようにしなければならない。

日々の食を巨大な市場から取り戻し、農と食の協力、共助の理念を実践しようとする市民活動が世界的に増えている。具体的には第7章で紹介したＣＳＡ（地域で支える農業）、地産地消、産消提携、フェアトレード、生協活動、農繁期に農作業を支援する援農ボランティアなどの市民活動である。世界的には「ローカル・フードムーブメント」あるいは「フードシチズンシップ」と呼ばれているこれらの市民活動は、まだまだ個々の規模が小さく、現代社会が抱えている数々の農と食の課題を直ちに解決できるというものではない。しかし、今後はこれらの市民活動が拡大して、これまで国家や市場関係者に任せきりであった農と食のガバナンスに消費者が食の主体者として参画する道を開くのである。

欧米では、地域の農と食を取り囲む政治・経済・文化・環境などを含めた総合的な体制に市民が関与するLFT（地域フードシステム）やAFN（代替フードネットワーク）を整備しようとする動きがある。これまで食と農の在り方を支配してきたのは、国家並びに市場関係者であり、市民が消費者の立場から関与する機会はほとんどなかった。殊に近年では世界市場を支配する多国籍アグリビジネス、フードビジネス企業によるコントロールが大きくなり、消費者は与えられた選択肢を前にして満足を得る役割を演じるのが一般的であった。しかし、今後は消費者が食料の需給問題を「他人任せ」にすることなく、その在り方について積極的に発言し、行動することが増えてくるに違いない。そのような消費者はもはや「受け身の消費者」ではなく、「行動する消費者」である。消費者は受動的なエンドユーザーの立場から主体的な市民消費者に変身し、農業者も受注生産者の立場を乗り越えて市民生産者となり、この両者の間で農と食の新しい協力関係が形成されてこそ、農産物は単なる経済商品から社会・文化的価値のある食物に変るのである。

ここでいう市民消費者、市民生産者とは、農と食の現状について深い理解を示し、適切な生産方法の選択、消費方法の選択ができる賢い消費者、賢い生産者のイメージである。これまでの消費者がしてきたことは、より便利で安いものを選び、黙って食べることだけであった。どのようにして農作物が育てられたのか、どのような条件下で牛や鶏が飼養されたのか、加工の際にどのような添加物が使用されたのか、売れ残った食品はどのように処分されたのかなどには全く無関心であった。消費者にとって都合の悪いことは隠されているから、消費者は目の前に提供された食べ物とその安い価格を享受するだけであった。結果として、私たち消費者は自分の消費行動に関して何の責任も取ることがなかったのである。問題が大きすぎて個人ではどうしようもないと思う人もいるかもしれないが、私たち一人ひとりには食料問題を改善・解決するための役割と責任があるのである。この消費者が果たすべき義務と責任に関して、国際消費者機構はすでに40年も前から8つの権利と5つの責任を提唱している。5つの責任とは「批判的な意識を持つ責任」、「自己主張し行動する責任」、「社会的関心を持つ責任」、「環境に配慮する責任」、「連帯する責任」である。

2000年代になると、生産者や消費者が市民の立場から農と食に関する地域行政に関与できる場として、アメリカにEPC（フード・ポリシー・カウンシル）が現れた。EPCとは主として地域の食料に関する問題解決のために設置される協議組織であり、そこに農業者も消費者も市民としての立場で参加して、地域社会における農と食の在り方を議論するのである。現在、なにかと問題視されているグローバルなフードシステムについても、市民一人一人が食の主体者として全員で参加して検討するフードシチズンシップ、フードデモクラシーが必要になってきた。「一人の百歩より百人の一歩」という言葉があるように、今日の食料問題の解決には私たち一人ひとりが、そして全員が取り組むことが必要なのである。

市民の立場で農や食の在り方を学習する場として、日本の食育運動をその一つに位置づけておきたい。2005年に「食育基本法」が制定され、食物とそれを生産する農業を大切にして、環境にやさしく、持続可能であり、無駄のない食生活をすることを、学校で教え、職域、地域で学習する国民運動「食育」が推進されている。学校で地元の食材を活用した給食を提供し、それを教育プログラムと組み合わせることで、子供たちは食料と食事についての正しい知識と習慣を身につけることができる。また、食育活動の一環として農業体験学習をさせる小学校は4校に3校、中学校は3校に1校あるという。

このように私たち消費者が農や食の在り方に積極的に関わっていくことは今後ますます重要になる。ただ、安い食べ物を探し、好き勝手に飽食し、グルメ嗜好を満足させるだけに終わるならば、何ごとも良くならない。より広い視野で農と食の現実を捉えて、その将来の持続可能性を論議することを「他人任せ」にしないで、「自分事」として積極的に実行しなければならない。

第11章　飽食と崩食の食生活を反省する

今ほど農と食に関する新しい倫理が必要とされている時代はない。来るべき持続可能な社会においては、私たちは食料の生産にどのように関わり、そして日々の食生活をどのように過ごすのがよいのかということを考えてみる。

私たちの食べるという行為をコントロールしている要因には、空腹や栄養など生物的欲求レベルの問題、経験、嗜好、健康など個人レベルの問題、そして文化や経済など社会レベルの問題がある。現代の産業化経済社会においては、農業は大規模に工業化され、便利な加工食品が工場で大量生産され、スーパーマーケットやコンビニエンスストアで大量販売されて、売れ残った食品、家庭で使い残した食品は惜しげもなく大量に廃棄されている。そのために、このような農業と食生活の在り方が社会の構造や、自然の生物生態系、そして地球環境に及ぼす負の影響がこれまでになく大きく、深刻になっている。この危機的な事態がこれ以上に進行することを回避するには、農と食の世界での対処だけでは十分でなくなり、私たちの生き方に深く関わってくる人道上の問題としても対処しなくてはならなくなっている。近年、農と食に関するこれらの諸問題が哲学や倫理学の対象となる所以である。

1　豊かで便利な食生活について反省してみよう

我が国では第二次大戦後の深刻な食料不足を解消するために、化学肥料と農薬を活用して食料の大増産を行い、それでも足りない食料は海外から輸入して補った。米食に偏っていて栄養バランスの悪い和風の食事を改めて、肉料理、乳製品を多く摂る洋風の食事をすることにより、人々の栄養状態はよくなり、世界トップクラスの長寿国になった。スーパーマーケットには世界中から、全国各地から集められた食料・食材が満ち溢れている。便利な加工食品や即席食品が数多く開発されたので、家庭で料理をする手間は著しく軽減された。それに加えて、便利な調理済みの総菜や弁当などが利用でき、外食店も手軽に利用できるようになった。

誰もが、どこでも、いつでも、食べたいものを、大きな経済的負担をすることなく、手軽に食べることができる「豊かで便利な食生活」が実現したのである。これは我が国の有史以来二千年の歴史を通じて、これまで願ってもかなえられなかった素晴らしいことなのである。食費が家計支出の何%を占めているかを示すエンゲル係数を見てみると、食料不足に悩まされ、生活費の大半が食べることに使われていた終戦直後にはエンゲル係数は63%であったが、食料不足が解消された昭和60年には26%にまで低下した。

しかし、それからわずか半世紀も経たぬうちに、私たちはその豊かで便利な食生活に慣れて、食べ物の大切さを忘れ、食べることをいい加減にするようになった。現在、エンゲル係数は27％であるが、このことは食べることに関する経済的負担が少なくなったことを示すとともに、そのために食べるという行為が日常生活の中で重きを置かれなくなったことをも示している。そして、いつの間にか必要以上に食べる過食、飽食になり、購入した食料の2割をも使い残し、食べ残して無駄に捨てるようになった。その一方で、貧しくて満足な食事をすることができない人々が国内には230万人もいるのである。豊かで便利な食生活を追求し過ぎたための反作用ともいうべき好ましからざる食の倫理問題が生じているのである。

地球規模に巨大化した資本主義食料経済システムは、それを絶えず成長させ、維持するために、常に新しい市場と需要を必要とする。ところが、我が国においては命をつなぎ健康に過ごすのに必要な食料はすでに十二分に充足している。国民が飲食する総需要は平成7年の83兆円をピークとして減少に転じているから、食の実需要はすでに飽和していると考えなければならない。とすれば、これ以上に食の需要を拡大するには、宣伝と情報によって消費者の欲望を刺激して必要性の伴わない需要を作り出す以外に方法がない。批判派経済学者、ジョン・ガルブレイスは1958年に著した「豊かな社会」において、高度消費社会においては生産者側の提供する情報が需要を操作すると言っている。現在の巨大な食料需給システムは、宣伝と情報によって作りだされた虚構の需要を消費することで維持されていると言っても過言ではない。かつて生産が需要に追い付かなかった時代には、同じような商品であっても2個あれば2倍の価値を生んだ。しかし、需要が飽和している時代には、同じような商品なら2個はいらないのである。だから、目新しくはあるが必要性はそれほどにない食の新商品が次々と開発されては消えていくのである。

つまり、私たちは情報、宣伝によって必要以上に豊かな食料を求めさせられ、必要のない食の便利さを求めさせられている。その結果、「豊食」を求めすぎて「飽食」に陥り、好き勝手に食べて「崩食」という乱れた食生活をするようになったのである。これらは豊かで便利な食生活が実現した昭和60年ごろを境にして、私たちが食の欲望を野放し状態にしてきた結果である。「おいしいものを、好きなだけ食べたい」という食の欲求は、人間らしい快楽や幸福感の追求に通じる必然的なものであるから、それ自体は悪いことではない。ただ、それが社会的に許される限度を超えていることが問題なのである

現代の食生活に起きているこのような変化の背景には、世界規模でみれば、近代社会の根幹である市場主義経済の拡大と生産技術の進歩があり、それに適応するべく社会行動の全般について成長性と効率性の追求があった。しかし、今や世界規模に拡大した市場経済は天然資源の枯渇、自然環境の破壊、南北問題や経済格差の拡大などの限界に直面し、生産技術は自動化、省エネルギー、脱炭素への革新を迫られている。社会的に見れば、近代核家族の成立とその個人化、女子の就業率の向上とそれに伴う家庭生活の変容、急速な老齢化と少子化、などの社会現象が進行している。現在の食生活に起

きている諸問題は、これらの経済情勢、社会構造の変化に少なからず起因していると解釈してよい。私たちが望んだことではないが、社会学的にみれば起きるべくして起きた食の混乱であり、もはや食の世界だけの対処では解決できない状態になっていると言ってよい。だからと言って、現在の行き過ぎた大量生産、大量消費を自粛することを、新自由主義の市場経済原理に支配されて動いている食料経済システム、そのものに期待するのは無理である。それどころか、大きくなり過ぎた食料経済システムを維持するために、私たちは必要のない食の浪費を強いられていることは、すでに述べたとおりである。政府が輸入規制、誇大広告規制、公正競争規約などにより市場システムに介入、コントロールすることにも限度がある。

いくら科学技術が進歩しても食料を大量に人工的に作ることはできないし、食べることが不要になるわけでもない。だからこそ、私たち自身がこれまでの食に関する意識を改めて、食べるものを大切に扱い、無駄なく食べることにより、今後も豊かな食生活を持続できるように心掛けることが必要になるのである。今のように無駄の多い食生活を漫然と続けていてはならないと私たち一人一人が反省して、必要以上に豊かさを求めない、過剰な便利さ、サービスを求めない、欲しいだけ食べることをしない、あるいは自分勝手に食べることを慎むことが必要である。それが回り回って、地球環境の保持、資源、エネルギーの節約などにも役立つのである。ところが、これが容易にできることではないのである。大多数の人々は現在の豊かで便利な食生活に満足していて、それを改めることは望んでいないからである。

しかし、現状はそうであっても、今後もそれをただ傍観していてよいわけがない。改めて、「食料をどのようにして生産し、どのように食べるのがよいのか」ということを根本から考え直してみなければならない。戦後の農政では、昭和36年の農業基本法の制定以来、生業としての農業から産業としての農業への転換を基本課題として、工業的な食料生産、供給システムを推進してきた。農業と工業の本質的な違い、環境や自然の生態系への影響を無視して生産力の向上を目指して効率化、省力化を推し進めたのである。しかし、農作物や家畜、魚介類はすべて生命のあるものであって自然の産物なのであるから、私たちが勝手にいくらでも生産できるものではない。それを無理して大量生産しようとしたから、自然の厳しいしっぺ返しを受け、これ以上の食料の増産ができなくなったのである。

心配するべきは「近い将来に地球規模の食料不足が起きたら、食料が自給できない日本はどうするのか」、「節度のない飽食を自粛しないと肥満や生活習慣病が蔓延する」、「個食や子食がこれ以上に増えれば家族という絆が失われるのではないか」という深刻な社会問題である。そうならないために、「国内の農業、漁業、畜産業を活性化して国民の食料を少しでも多く確保する」、「行き過ぎたグルメ飽食を自粛して、健康で活動するのに必要とするだけを食べる」、「国内にも貧しくて満足に食べられない人が大勢いることを忘れない」という食のあるべき姿に戻るにはどうすればよいのであろうか

最近、この豊かな食生活を持続できなくなる限界がにわかに近づいてきた。20世紀の豊かな食生活

を支えてきた世界的規模の食料供給システムが、地球資源の枯渇、環境の汚染、地球温暖化による気候の激変、社会格差の拡大による飢餓人口の増加などによって破綻し始めたのである。開発途上国の人口増加が止まらず、今世紀半ばには世界人口が１００億人になると予想されているが、それを養うだけの食料を増産することができなくなったのである。近い将来、世界規模の食料不足が再び起きることは避けられそうもない。

とにかく、いま我が国の農と食の世界に起きている危機的な事態は、食料の生産、供給を持続的に確保する方策、手段を講じることだけでは（難しいことであるが、仮にできたとしても）十分に解決できないところにまで来ているから、私たちの一人一人が放漫な食生活を改めて協力することによって解決するより外に道がないように思われる。社会や環境に配慮した食生活をすることが今必要とされる食の倫理なのである。全ての人が健康で持続的な食生活を享受するためには、倫理的な観点から乱れた食生活の改善に取り組んでいく必要があるのである。ところが、人類を数十万年悩ましてきた食料不足が解消してから半世紀も経っていないので、私たちはにわかに豊かで便利になった食生活にどう向き合うのがよいのかという新しい論理やモラルをまだ見つけていない。残念ながら、これが今日の豊かな食生活を将来も持続することを困難にしている根源的な原因なのである。食料があり余るようになった先進国の社会では、その余剰を無駄遣いしない食の倫理が必要になるのである。これ以上の豊かさを求めない、必要とする以上の便利さを求めない、安くても必要のないものは買わない、体が必要とする以上に食べないという食の節度を守る倫理が必要になるのである。食の本来あるべき姿から逸脱している放漫な食生活を是正するのに必要なものは、私たちの心の内面にある道徳律、食の倫理なのである。

かつて、食料が不足していた時代には、食べ物を無駄遣いしてはならない、必要以上に貪り食べてはならないという厳しい食の規律があった。しかし、生まれた時から食べるものに不自由をしたことがない現代の若い世代にそのようなことを要求しても無理であろう。食べるものが常に不足していたからこそ、私たちの先祖は、もっと食べたい、もっとおいしいものを食べたいという欲望をさまざまな社会規範を設けて節制して、乏しい食生活に耐えてきたのである。これまでは食べ物が足りないから節約していたのであるが、現在は有り余る食べ物をいかに節約するかということが課題になる。かつて経験したことがないほどに食べるものが豊かになった今日、私たちは食べることに改めて何を期待し、どのような意義を見いだせばよいのであろうか。食生活があまりにも豊かに、多様になり、そして便利になり過ぎたために、私たちは何のために食べるのか、分らなくなりかけているのである。

2　飽食と崩食の時代に必要な節制の倫理

私たちがまずなすべきことは、自然の生産力を無視して必要以上の食料を増産し、必要以上に食生活の便利さを追求し、体が生理的に要求する以上に飽食することを自粛することである。命をつなぎ、口腹を楽しませるために必要な食料は既に十二分に充足しているのだから、これ以上の食の豊かさを求めない、必要とする以上の便利さを求めない、安くても必要のないものは買わない、体が必要とする以上に食べないという「節度」を守ることが必要なのである。およそ人間の欲望には限りがないことは古今の歴史の証明するところである。しかし、食べるという欲望に限ってはそうではない。食べ物は誰もが生理的に必要とするものであるが、生理的限界を超えては食べられるものではないからである。

そもそも、2400年の昔、ギリシャの偉大な哲学者、アリストテレスは、どのように食べるかということは人間の倫理の問題であると考えて、過度になるでもなく不足するでもない「中庸、メソテース」を基本とすることを教えてくれた。中庸とは両極端の中間を知る徳性であり、食における中庸の在り方として推奨されるのが節制なのである。医学の祖、ヒポクラテスは、善き食生活をするには、常に自分を省みる知恵が必要だと教えている。人間らしく食べることを考えることは、人が人である所以を考えることであると説いたのである。

1日に1回の食事で満足し、あとは軽食で済ませていたらしいアリストテレスやヒポクラテスが、まさか今日の豊かな食生活を予想していたわけでもあるまいが、食の欲望には常にブレーキをかける必要があることを早くから説いていたことに驚かされる。我が国でも鎌倉時代の文筆家吉田兼好は、「徒然草」の第百二十三段において、衣食住の欠けざる（欠けていないこと）を「富めり」とし、それ以上のものを求めることは「奢り」であると戒めている。

中世のキリスト教社会では、人間は神の僕《しもべ》として貪らずに食べるという食の節制、自制が求められていた。美味なものを我慢することが贖罪になると信じられていて、肉を食べない精進日や何も食べてはいけない断食日が一年を通じて数多く定められていた。必要以上に何度も食べること、また必要もないのに食べることは「腹の貪欲」という大罪であり、「一日に一度食べるのは天使の生活、二度食べるのが人間の生活、腹を空かせた労働者が一日に三度も四度も食べるのは動物の生活」であった。今日、よく使われているグルメ、グルマンディーという言葉も、当時は貪り食べることを意味していて、美味な料理を欲しがるのは大食の罪になるとされていたのである。日本でもヨーロッパ諸国でも、誰もが一日に三回の食事をするようになったのは、僅か300年ほど前からなのである。それまで一日、二食の習慣が長く続いていたのは、基本的には飢饉などが多く、食料が十分になかったからである。人間は食べなければ生きていけないから、人々は乏しい食料を仲間と分け合うために欲しいだけ食べることを慎しまなければならなかった。この習慣が中世に広まった仏教あるいはキリスト教などの信仰と結びついて、日に三度食べるのは罪悪であるという禁欲思想になったと考えてよい。

それなのに、近年、食の欲望を節制することはすっかり忘れられているのである。古代、中世には食べるものが常に不足していたから、人々は食の欲望を節制しなければならなかった。私たちの先祖は、もっと食べたい、もっとおいしいものを食べたいという欲望を、さまざまな社会規範を設けて節制することにより、乏しい食生活に耐えてきたのである。ところが、人類を長らく悩ましてきた食料不足がようやく解消した現在、私たちは豊かになった食料にどう向き合うのがよいのかという新しい論理をまだ見つけていない。これまでは食べ物が足りないから節約してきたのであるが、現在は有り余る食べ物をいかに節約するかということが課題になる。足りないものを節約することは誰でもするが、余っているものを節約することは誰もがすることではないから、この違いは大きい。例えば、肥るから食べない、あるいは体に良くないから食べないという理由で食欲を節制している人が多いが、近い将来、このような生理的節制すら外れてしまう可能性はないであろうか。生理的に必要とする以上に食べて、肥満になり生活習慣病に苦しむことになってはならない。食べるものが有り余るほどある今ほど食の節制が個人的にも、社会的にも、環境的にも求められる時代はないのである。

さらに、今一つ改めるべきことがある。食料不足が解消して、誰もが食べたいだけ食べられるようになった現在では、私たちは食べることについて、他人を気にすることなく、自由に自己主張をする。今、食べることについて一番重視していることをアンケート調査してみれば、美味追求、健康志向、安全・安心、経済性、便利性などと人様々の答えが返ってくるだろう。現代は個人主義の時代であるから、食べることに対しても好きなように自己主張をすることは個人の自由であろうが、それが過剰になって自分中心的なエゴイズムに陥り、社会全体としての食の公益性を損なうことは許されない。

人間は仲間と一緒にものを食べる唯一の動物であると言われている。食べることについて自己の欲望を抑制して家族や仲間と分け合って食べることは、原始以来、人間だけが身につけてきた根源的な社会道徳なのである。それなのに、現在の私たちは食べるということについて必要とされる社会への配慮を失いかけている。私たち現代人は、個人の快楽や欲望を他律的に抑制されることを認めたがらない。19世紀前半においては、哲学者、経済学者であったジェレミ・ベンサムが個人の幸福を最大に追及することが多数全般の幸福になるという功利主義を提唱したが、未来社会においてはそうではないだろう。個人の欲望をあるところで制限することが社会全般の幸福を追求することになる。自分の欲望のままに食べるのではなく、社会や環境に配慮して、人々と分け合って食べるということが強く求められる時代になったのである。

私たちが欲しいだけ食べ、惜しげもなく捨てている食料は、すべて地球自然の産物であり、全人類の大切な共有資源であるから、先進国の人も、後進国の人も、豊かな人も、貧しい人も、平等に分け合って食べるべきものである。全ての人には健康的に、そして文化的に必要とする食べ物を保証される権利、つまり「食の主権」というものがある。ところが、いまでも貧しい途上国には飢えに苦しんでいる人が8億人もいる。それなのに、世界人口の2％を占めるに過ぎない日本人がごく最近まで世界市場に出荷された農産物の10％を買占めていたが、今後はこのようなことは許されることではない。国内にも貧しくて十分に食べられない人たちが230万人もいる。それなのに美食、飽食に耽り、作りすぎて食べ残し、使い忘れて無駄に捨てるなど、食べ物を粗末にしてはならないのである。

とにかく、現在の豊かで便利な食生活とそのために必要な食料を、将来も持続して確保できるようにしておくことは、私たちの世代に与えられた責務である。未来の社会においては、バイオ技術、AI技術、ロボット技術（IoT）、情報通信技術（ICT）などを活用して食料の生産方法や加工方法は大きく進歩するであろうが、いくらそれら科学技術が進歩しても、食料そのものが自然の産物であることには変わりがなく、食べることが不要になるわけではない。今となっては、かつての貧しく、不便な食生活で我慢しようとする人はいないであろう。戦前、戦後の食料不足を解消して、豊かで便利な豊食の時代を実現したのは、私たちより一世代前の人たちの努力の成果であるが、飽食、崩食といわれる食の浪費を引き起こしたのは、私たちの世代の節度のない食の欲望である。私たちはこれまで豊かな食生活を楽しむことを願ってきたが、今後は次の世代の食生活の安泰を考えなければならないのである。それは、第6章から第10章で考えてきた持続可能な農と食への移行ということに外ならない。今後は、必要以上に食の豊かさや便利さを求めることを止め、食料を無駄に消費することを自制しなければ、豊かな食生活を持続することはできないのである。そして地球環境にこれ以上の負荷をかけず、省資源、省エネルギーに役立つ方法で食料を生産することを心掛けなければならない。

今後、私たちはこれ以上に豊かな食料を求めてはならない、地球環境に大きな負担を掛けて生産された食料を求めてはならない、必要以上に便利な食品を求めてはならない。食料が有り余っていても無駄にしてはならず、肥満になるほど過食してはならないのである。それが持続可能な社会における食の倫理であろう。

このような食に関する欲望の節制、分け合って食べるという道徳的規範が、どこまで次の世代の人々に受け入れられるか、今のところは疑問ではあるが、次世代に食の混乱と不安を引き継がないために私たちの世代が守るべきことであるのは確かである。私たちの多くはごく最近まで、多量の輸入食料に依存した豊かな食生活を今後いつまでも続けられると思っていたが、そうではなかった。世界規模で迫りくる食料危機の直撃を避けるために、私たちは飽食、そして崩食と言われている現在の乱れた食生活を改める意識改革が必要である。これまでの私たちは、その日、その日の食の豊かさを願ってきたが、これからの私たちは、将来の世代の食の安泰を考えなければならなくなったのである。私たちは豊食を求め過ぎて飽食に陥り、自分勝手に食べて崩食ともいうべき食生活を招いてしまったのである。つまり、これは、私たちが食に関する欲求を野放しにして、止めどもなく肥大させた結果に他ならない。このような農と食の本来あるべき姿からかけ離れた事態を解消するために、私たちの一人ひとりが為すべきことをするように促すものは、人間としての良き在り方に即した食の倫理ではないだろうか。

第12章　農と食を持続可能にするために必要な倫理

ここまで述べてきたように、21世紀の高度産業社会において、食べるという行為は単なる個人的な営為を超えて、人類全体として生物多様性、自然資源の循環、地球環境の保全、飢餓の解消などに重大な負の影響を及ぼすようになっている。私たちは何を食べればよいのか？　食べ物はどのように生産するのがよいのか？　飽食や飢餓の問題をこのまま放置しておいてよいのか？　など来るべき持続可能な社会における「食」とその基盤である「農」の在り方について現実的な対処の論議は数多く重ねられているが、「人間として日々の暮らしの中でいかに対処すべきか」という倫理の立場からの論議はようやく緒に就いたばかりである。

1　なぜ農と食の新しい倫理が必要になるのか

そもそも「食の倫理」とは何であろうか？「食べるについて守るべきこと」、即ち「食行動の規範」と解すれば、それは原始の時代から存在し、時代と共に姿を変えて今日まで存在し続けている。

人類が農耕、牧畜を始めたころには、食べ物は神（自然）の恵みであると考え、家族や仲間と分け合って一緒に食べる共食の倫理があった。人間は仲間と共食する唯一の動物であると言われる。南アメリカなどで原始の状態に近い生活をしている未開集落においても、近親者や仲間を殺して食べること（カニバリズム）は厳しいタブーであった。食料が常に不足していた中世においては、欲しいだけ食べないで我慢する節食の倫理があった。人々が一日に朝昼晩と三度食事を摂るようになったのは、農業技術が進歩して食料の生産が増えてからのことである。それまでは我が国においても、西欧諸国でも一日二食で我慢していた。西欧のキリスト教社会では、人間は神の僕《しもべ》として貪らずに食べるという食の節制、自制が求められていた。必要以上に何度も食べること、また必要もないのに食べることは「腹の貪欲」という大罪であった。

ところが、19世紀になると、農業や牧畜の技術が進歩して食料の生産量が急速に増え始め、食べるものに余裕が生じてきた。すると、キリスト教の厳しい禁欲主義が後退して、一部の富裕階級には美食を楽しむことが流行したのである。しかし、この時代を代表する美食家であり、その著書「美味礼賛」で知られたブリア・サヴァランが主張したのは、「禽獣は喰らい、人間は食べる。教養ある人にして初めて食べ方を知る」という美食学（ガストロノミー）である。つまり、食欲、味覚の本能的充足を究極まで追及する快楽主義ではなく、おいしい料理を味わい、食卓の会話を楽しむことによって食の喜びを精神的に高めることであった。当然ながら、おいしいものを無神経に食べ歩く現代のグルメ族のそれとは違うのである。

同じく19世紀には、近代栄養学の知識に基づく食事規範が登場する。食べるものが健康と深い関係があることは古くより経験的に知られていた。病気を予防し、健康に過ごすには、正しい食事をしなければならないという思想は、古くから多くの文化圏にあったのである。江戸時代の本草学者、貝原益軒の著した「養生訓」はこの思想を代弁するものであり、「飲食は人間の大欲であり、好みに任せて勝手気ままにすると、度を越えて、かならず脾胃を損ね、いろいろの病気をおこし命をなくす」というものである。この節制の食事規範は近代栄養学の発達によりその正しさを証明されることになった。食物を通じて摂取した炭水化物、たんぱく質、脂質の三大栄養素とビタミン、ミネラル（微量栄養素）が体内で消化、吸収されて生命活動に利用され、体の組織を発育させる栄養と健康の仕組みが科学的に解明されたのである。人間が生理的に必要とする食べ物はどれほどあればよいのかという基準が科学的に明らかになり、それにより栄養思想という新しい食の規範が生まれたのである。明治初年、政府はこの近代栄養学の知識を取り入れて、国民の栄養指導を始めたが、日本人が栄養所要量を満たした食事ができるようになるのは第二次大戦後の食料不足が解消し、高度経済成長が進行する昭和60年代まで待たねばならなかった。

ここまで述べてきたように、古代から近代に至るまで私たちの先祖が守ってきた食生活の規範は、食料が常に不足していたか、あるいは十分な食料が一般庶民にまでは行き渡っていなかった時代に、乏しい食料を分け合って生きるための心得というべきものであった。ところが現代の私たちは、世界規模に展開した巨大な資本主義食料経済システムのお蔭で、私たちの先祖がかつて望んでも得られなかった豊かな食料に恵まれ、誰もが経験したことのない豊かな食生活を享受している。日々に食べる食材は全国各地から、あるいは世界各地から季節に関係なく届けられるものになり、地元で生産される農産物や漁獲物を食べて季節感を味わうことが少なくなり、それと共に地域独自の食文化も忘れられた。便利な加工食品が開発され、外食店も手軽に利用できるので、家庭で調理をしなくても食事を摂ることができるようになった。便利な加工食品が工場で作られるようになったのは前世紀からのことであり、それまでは家庭の主婦が自然の食材を食べやすく調理しなければならなかったのである。また、人々の生活行動が忙しく、不規則になり、家族そろって食事をすることが少なくなり、個食や子食が増えて家族の絆が失われようとしている。これらのことはどれも人類の食生活史上で初めて出現した事態なのである。

その豊かな食生活を支える食料を生産する農業についても新しい事態が訪れている。古代から近代に至るまで常に生産量の不足に悩んでいた世界の農業は、20世紀に入ると主要穀物の品種改良、化学農薬、化学肥料の使用、農耕地と灌漑面積の拡大によって農産物を大増産することに成功し、それまで苦しまされてきた食料不足を一挙に解消することができた。ところがそれから半世紀も経たないうちに、農耕地や農業用水の不足、地球温暖化、環境汚染など農業環境の悪化が顕著になり、今後も増加し続ける世界人口を養うだけの食料を増産し続けることが困難になってきたのである。近い将来、世界的な食料不足が再び襲来すると危惧されている。

そもそも、食料は近世に至るまで限られた地域内での自給自足であったのである。自分が暮らしている地域で大地を耕して作物を育て、それを食べて生命を維持するという人間の根源的な営みは、近代化、産業化、グローバル化という歴史的な社会変動によってすっかり変わってしまった。産業革命を契機として農業の工業化と食料の商品化が進み、世界規模の食料需給システム（フードシステム）が構築され、そのお陰で20世紀後半に先進国には空前の食の繁栄がもたらされたのである。しかし、それとともに、かつては一体不離、不可分の関係にあった食料の生産領域（農村）と消費領域（都会）は地理的に遠く分断されて、それぞれが全く別の経済システムを形成するという大きな変化が生じたのである。現代においては食料の生産者（農家と農村）は食料の消費者（都会の消費者）と地理的、社会的に遠く隔てられ、生産される農産物は経済商品としてグローバルに流通、販売されるようになっている。それに伴って食料を生産する人々（農）と、それを消費する人々（食）とは地理的にだけでなく、社会的に、経済的に、そして文化的に分断されてしまった。

このように、現代の食と農を取り巻く環境はその生産面においても、消費面においてもこれまで経験したことのない新局面を迎えているのである。そして、農業生産においても、食生活においても経済利便性と環境保全性が鋭く対立し、両立しがたい状況に置かれている。当然のことながら、この農と食の新しい事態に対処して、将来の世代の食の安泰を保証し、環境、資源を保全する「持続可能な農と食のシステム」を構築するために、私たちが執るべき行動の精神的な基盤となるべき「農と食の新しい倫理」が必要になるのである。

第6章から第10章において、20世紀後半の豊かな食料需給システムを今後も持続可能にするために取り組むべき数多くの課題を明らかにしてきた。ところが、そこで取り上げられた課題の多くは、現代の工業化され、ビジネス化され、グローバル化された豊かな食の世界に慣れ親しんできた私たちの世代には理解することはできても、実行に移すには難しいことばかりである。しかも、それはあくまでも自分で判断して行うことであり、人に強制され、あるいは人に強制できることではない。例えば、環境にやさしい有機農業を支援するために値段の高い有機農産物を選択し購入するには、それなりの動機付けが入用であり、それがなければ、「まあ、いいか」、と安易な妥協をして、「誰かがしてくれるだろう」と人任せにすることになる。しかし、現実の食料事情は「まあ、いいか」と何もせずに放置しておくことを許されないところまで切迫しているのである。次の世代に農と食の不安を残さぬように、私たちの一人一人が農と食の課題解決を他人任せにしないで、自分自身のことと考えて問題解決に参加する「フードシチズンシップ（自分の食に責任をもつ市民）」あるいは「フードデモクラシー（食の問題解決に全ての市民が参加する）」が求められているのである。

その時に、「他人任せにしていてはいけない」と私たちの一人ひとりの背中を押してくれるのが、心の中にある「これからの食はかくあるべし」という倫理的理念ではないだろうか。食についての確かな理念を持ち合わさなければ、今後の食料の生産方法や食生活の形態について適切に判断し、選択、行動することはできないと考えてよい。これが、来るべき持続可能な社会における農とは何か、食とは何か、という根本的な考察が必要とされるようになった理由であり、それがなければ持続可能な農と食の実現に至る困難な道は切り拓くことができないと思はれる。凡そ、理念を欠いた行動には確かな将来展望は開かれないのが常である。20世紀の「食の黄金時代」が終焉を迎え、「持続可能な農と食の時代」への移行を迫られている今日、「農と食」の在り方について根本から問い直す必要性はいよいよ大きくなっている。

2　持続可能な社会における食と農の倫理

とは言っても、近い将来に襲来すると予想される世界的な食料不足に備えて、今後はどのようにして食料を生産し、どのように食べるかということは、簡単には答えが見つからない問題である。しかし、それを考えるのは人間だけができることであり、これまでも皆で集まって話し合い、知恵を出し合うことで数々の食の苦境を乗り越えてきたのである。私たちの限度のない欲望が引き起こした農と食の将来不安は、私たち自身の手で解消するという覚悟が必要である。これ以上に地球の環境や資源に負荷をかけず、あらゆる人々に基本的な人権と健康的な生活を保証しようとする持続可能な社会において、農とはいかにあるべきか、食とはいかにあるべきかを、私たちはそれについて何をすればよいのかということを含めて、根本的な考察をすることが必要とされるのである。

そこで、前章において、第6章から第10章に分けて述べてきた農と食の持続可能性に関する課題を復習して、飽食と崩食といわれる現代の食生活に内在する倫理的問題を考察し、本章において高度に産業化された現代の農業の功罪について根底的な考察を試みる。

現代社会においては工業の目覚ましい発展があり、社会全体が産業の原理により支配されるようになった。この現代産業社会では、農業も他の製造業と同じように工業化されて産業の一部門に組み入れられてきた。農業の工業化に伴い食料の生産、加工、流通、販売の諸過程は合理化され、統合されてグローバルなフードシステムが成立した。その結果として、先進国では豊かな食料が低価格で購入できるようになり、多くの人々が豊かで便利な食生活を享受することができるようになったのである。

しかし、この巨大なフードシステムは生産、加工、流通、販売、消費の各過程で膨大な資源とエネルギーを消費し、地球環境に大きな負担を及ぼしている。また、「食」の人道的公平さについても深刻な課題を抱えるに至った。たしかに、工業化され、産業化された現代の農と食のシステムは、商品化された食料・食品の生産量の増大と低価格化を実現させたことで、経済的に合理的であり、且つ効率的であったといえる。だが、自然環境や社会環境の在り方を含めて総合的に捉えるならば、必ずしもそうではなかった。環境、社会、文化など数量化できないところで、巨大な負荷や損失を増大させたのである。つまり、「食と農」が支えていた自然との共存性、人々の生活と文化の基盤が失われたのである。高度産業社会における食と農に関しては、生命・文化の原理と経済合理性、環境保全の原理が鋭く対立・矛盾する状態に置かれているのである。

古来より「食と農」の営みは人間の命を繋ぐ行動であり、その根底において自然や多様な生命体との交流があり、宗教的、精神的意義のある歴史と文化が涵養されてきた。現在、農業生産が世界のGDPに占める割合はわずか4％に過ぎないが、農業は食料を生産するという付加価値産業である以上の存在であり、人間の生活に欠かすことのできない生命維持産業であり、人類の歴史を動かす文化機能を果たす社会システムなのである。

ところが近年、人間が生きるために不可欠な農と食の原理と経済生産性を追求する産業システムの原理との間に、どうしても相容れない領域が広がっている。最近の農と食をめぐる新しい市民活動（第10章参照）は、まだ小規模ではあるが、この両者の溝を埋めようとする試みである。今後は、私たちの一人一人が農業を単なる食料の生産行為に過ぎないと見做すことなく、食べることを単なる生活行動の一つと見做さずに、人間が生きていく上で欠かすことのできない「尊い営み」として捉え直し、その思いを何らかの形で行動に移すことが求められる。近年、この「農と食の尊厳性」が軽視されたために、農と食という大切な行為が軽んじられ、自然環境、そして地域社会の破壊が進み、結果として食料の安全保障を危うくしているとみなければならない。食料は、その社会的・文化的次元における重要性においてその他の工業商品と同様に見做しては問題を生じるのである。農と食の「尊厳性」への思い入れとその思想的・文化的復権・再構築は、21世紀の持続可能な社会に突き付けられた大きな問題提起であると言ってよい。

今日の世界では、農業の二極化が進行している。一方には高度に工業化され、グローバル化された産業農業があり、その対極にあるのが伝統的な家族経営農業と有機農業などの代替農業（持続可能農業）である。これら性格の相異なる二つの農業の対立は、「現代そして将来において、農業とはいかなる営みであるべきか？」という根本的な疑問を提起している。農業をどのような産業として位置づけるかについては従来から二つの考え方があった。一つは、農業を人々の生存に欠かせない大切な食料を生産する根源的な産業として他の産業から区別し、農業の工業化、食料・食品の商品化を批判する伝統的な「アグラリアン思想」である。農業にコミュニティを培う道徳的意義を見出し、農業を営む者に自立と連帯の徳性を認めた古代ギリシャに遡る思想である。これに対して、20世紀の後半に繁栄を極めたアグリビジネス、フードインダストリーの精神的基盤となったのは、農業を工業や流通業など他の産業経済部門と同列に位置付け、合理性、効率性を判断基準として農業の工業化、食料・食品の商品化を正当化する近代的な「インダストリアル思想」である。

しかし、来るべき持続可能な社会においては環境保全、資源保護を最優先して考える必要がある。とすれば、すでに気候の温暖化、環境汚染、農耕地や農業用水の不足など深刻な事態を引き起こしてきた現代の産業化、商業化農業に関して、その工業化、商品化、グローバル化を今の状態のままで継続、拡大することは許されない。環境の世紀である今世紀においては、伝統的な家族農業、小規模経営農業が農業生物多様性と地域環境資源の持続的利用に果たす役割を再評価する動きが始まっている。そこで、国連では2014年を「世界家族農業年」、2019~28年を「家族農業の10年」と定めて、支援活動を展開することになった。

さりとて、工業化、商品化、グローバル化の現状を直ちに否定すれば、急増しつつある地球人口を養う大量の食料を確保することはできないし、また、忙しい現代人に必要とされる食生活の便利性を維持することもできない。現代の農業はその環境保全性と食料充足性とのトレードオフに直面しているのである。

現代の農業が持続可能な社会に向けて抱えるこれらの根本的な矛盾を吸収して、これ以上に地球環境と自然資源を損なうことなく、全ての人々に食料の充足性を適えることのできる「農と食の再編成」を目指すには、インダストリアル思想の持続可能社会における脆弱性を見定め、アグラリアン思想に付きまとう現実的な無力・焦燥感を乗り越えて、農と食の豊かな将来を展望しようとする「持続可能性の理念」が必要になる。今、世界の諸国において環境・資源の保全と食料の生産性向上を両立させる「持続可能な食の生産・消費モデル」を構築するための試行錯誤が続いている。

あとがき　私たちは未来の食に対する責任がある

本書は著者の旧著「見直せ　日本の食料環境」―食生活と農業と環境を考える―　養賢堂　2004年刊行　に、その後の新事項を加えて、持続可能性の観点から全面的に書き改めたものである。

近い将来、世界規模の食料不足が再び起きると危惧されている。現在の豊かで便利な食生活を今後も持続し、次の世代の人々に食の不安を残さないためには、数多くの課題を解決しなければならない。世界規模に広がった大量生産、大量消費の食料需給システムは私たちの食卓を豊かにし、便利にした。しかし、その反面、農業資源を使いつくし、農薬や化学肥料で環境を汚染し、悪化させてきた。美味しいものを好きなだけ食べることは暮らしの喜びではあるが、そのことによって地球環境を悪化させ、農業に大きな負担をかけて私たちの子供や孫の世代が食べるものに困ることになるとしたらどうであろうか。私たちは未来の世代の食生活の安泰を考える責任がある。

私たち都会に暮らす消費者にとって食料や食品はスーパーマーケットやコンビニエンスストアで買うものであり、それがどこで、誰により、どのような方法で生産されたのかということにあまりにも無関心であり過ぎた。豊かで便利な食生活が地球環境に大きな負担を掛けていることを知ろうともしなかった。しかし、今後はそうであってはならない。食卓に豊かで安心できる食べ物を持続的に確保するためには、私たちの一人一人が環境に大きい負担を掛けない食料の持続的生産に協力し、購入した食料・食品は無駄なく食べるようにしなければならない。これ以上に豊かな食料を求めてはならないし、必要以上に便利な食生活を求めてはならないのである。

私たち消費者は、豊かな食料生産と便利な食生活を持続させるための課題解決を「他人任せ」にせず、「自分もできることをしよう」と行動に移して、未来の食と農に対する「現世代の責任」を果たさなければならない。毎日の生活の中にもできることはいくらもあると気づいていただけたなら、著者として嬉しいことである。

末尾になりましたが、前々著作「食べることをどう考えるのか」と前著作「飽食と崩食の社会学」に引き続いて、今回も出版を筑波書房さんに引き受けていただきました。ご理解、ご支援を頂きました同社代表取締役　鶴見治彦氏に心より御礼を申し上げます。

令和四年　秋深くなる頃

著者

参考にした資料

未来の社会

見田宗介著「現代社会の理論」岩波新書　岩波書店　1996年
米国国家情報会議編、谷町真珠訳「2030年　世界はこう変わる」講談社　2013年
水野和夫著「資本主義の終焉と歴史の危機」集英社新書　集英社　2014年
赤堀芳和著「共生の「くに」を目指して」講談社エディトリアル　2015年
神野直彦、井出英策、連合総合生活開発研究所編「分かち合い社会の構想」岩波書店　2017年
河合雅司著「未来の年表」講談社現代新書　講談社　2017年
丸山俊一・NHK「欲望の資本主義」制作班「欲望の資本主義　1、2、3」東洋経済新報社　2017~2019年、
丸山俊一編「マルクス・ガブリエル　欲望の時代を哲学する」NHK出版新書　NHK出版　2018年
矢口芳生著「持続可能な社会論」農林統計出版　2018年
斎藤幸平著「人新世の資本論」集英社新書　集英社　2020年
成毛　眞著「2040年の未来予想」日経BP　2021年
千葉　眞著「資本主義・デモクラシー・エコロジー」筑摩選書　筑摩書房　2022年

未来の農と食

豊川裕之編「食の思想と行動」味の素　食の文化センター　１９９９年
葛西奈津子編著「21世紀に何を食べるか」恒星出版　２０００年
安本教伝編「食の倫理を問う」昭和堂　２０００年
原　剛著「農から環境を考える」集英社新書　集英社　２００１年
時子山ひろみ、荏開津典生著「フードシステムの経済学」医歯薬出版　２００５年
神門善久著「日本の農と食」ＮＴＴ出版　２００６年
伏木亨、山極寿一編著「いま「食べること」を問う」農山漁村文化協会　２００６年
湯本貴和編著「食卓から地球環境がみえる」昭和堂　２００７年
共同通信社編「進化する日本の食」ＰＨＰ新書　ＰＨＰ研究所　２００９年
村瀬学著「食べる思想」洋泉社　２０１０年
吉田太郎著「地球を救う新世紀農業」筑摩新書　筑摩書房　２０１０年
ポール・ロバーツ著、神保哲生訳「食の終焉」ダイヤモンド社　２０１２年
バテル・フレデリック、オラフ・ラーソン、ギルバート・ギレスピーJr 著　川村能夫、立川雅司監訳「農業の社会史」ミネルヴァ書房　２０１３年
枡潟俊子、谷口吉光、立川雅司編著「食と農の社会学」ミネルヴァ書房　２０１４年
河上睦子著「いま、なぜ食の思想か」社会評論社　２０１５年
エイミー・グプティル、デニス・コプルトン、ベッツィ・ルーカル著、伊藤茂訳「食の社会学　パラドクスから考える」ＮＴＴ出版　２０１６年

ルース・ドフリース著、小川敏子訳「食糧と人類」日本経済新聞出版　２０１６年
秋津元輝、佐藤洋一郎、竹之内裕文著「農と食の新しい倫理」昭和堂　２０１８年
石川伸一著「食べること」の進化史」光文社新書　光文社　２０１９年
馬淵浩二著「食物倫理入門」ナカニシヤ出版　２０１９年
アンドレア・アンドニアン、川西剛史、山田唯人著「食と農の未来」日本経済新聞出版　２０２０年
大野和興、天笠啓祐「農と食の戦後史」緑風出版　２０２０年
ジャック・アタリ著、林昌宏訳「食の歴史」プレジデント社　２０２０年
外村　仁監修「フードテック革命」日経ＢＰ　２０２０年
古沢広祐著「食・農・環境とＳＤＧｓ」農山漁村文化協会　２０２０年
アマンダ・リトル著、加藤万里子訳「サステナブル・フード革命」インターシフト社　２０２１年
石川伸一監修「食の未来で何が起きているのか」青春新書　青春出版社　２０２１年
井出留美著「食糧危機」ＰＨＰ新書　ＰＨＰ研究所　２０２１年
小口広太著「日本の食と農の未来」光文社新書　光文社　２０２１年
鈴木宣弘著「農業消滅」平凡社新書　平凡社　２０２１年
日本学術会議農学委員会・食料科学委員会編「日本の食卓の将来と食料生産の強靭化について考える」
　学術会議叢書　２０２１年
ポール・トンプソン著、太田和彦訳「食農倫理学の長い旅」勁草書房　２０２１年
吉積己貴、島田幸司、天野耕二、吉川直樹著「ＳＤＧｓ時代の食・環境問題入門」昭和堂　２０２１年
アクセンチュア（株）監修「食と農の進化」日経新聞出版　２０２２年

川上睦子著「人間とは食べるところのものである―食の哲学構想―」社会評論社　２０２２年
ジェシカ・ファンゾ著、国井修、手島裕子訳「食卓から地球を変える」日本評論社　２０２２年
橋本直樹著「見直せ　日本の食料環境―食生活と農業と環境を考える―」養賢堂　２００４年
橋本直樹著「日本人の食育」技報堂出版　２００６年
橋本直樹著「食品不安　安全と安心の境界」生活人新書　日本放送出版協会　２００７年
橋本直樹著「大人の食育百話」筑波書房　２０１１年
橋本直樹著「食べることをどう考えるのか」筑波書房　２０１８年
橋本直樹著「飽食と崩食の社会学」筑波書房　２０２０年

著者略歴

橋本 直樹（はしもと なおき）
京都大学農学部農芸化学科卒業　農学博士　技術士（経営工学）
キリンビール㈱開発科学研究所長、ビール工場長を歴任して
常務取締役で退任　㈱紀文食品顧問
帝京平成大学教授（栄養学、食文化学）
現在　食の社会学研究会代表
email: naohashi@kve.biglobe.ne.jp

主な著書
『食の健康科学』(第一出版)、『見直せ　日本の食料環境』(養賢堂)『日本人の食育』(技報堂)、『食品不安』(NHK出版、生活人新書)、『ビール　イノベーション』(朝日新聞出版、朝日新書)、『大人の食育百話』(筑波書房)、『日本食の伝統文化とは何か』(雄山閣)、『食卓の日本史』(勉誠出版)、『食べることをどう考えるのか』(筑波書房)、『飽食と崩食の社会学』(筑波書房）など

持続可能な社会における食料問題
日本の農業と食生活を持続するために

2023年4月14日　第1版第1刷発行

著　者　橋本 直樹
発行者　鶴見 治彦
発行所　筑波書房
東京都新宿区神楽坂２－16－５
〒162－0825
電話03（3267）8599
郵便振替00150－3－39715
http://www.tsukuba-shobo.co.jp
定価はカバーに表示してあります

印刷／製本　中央精版印刷株式会社

ISBN978-4-8119-0649-2　C0033